连续重整装置隐蔽项目检查方法

中国石油化工股份有限公司炼油事业部 编

中国石化出版社

图书在版编目（CIP）数据

连续重整装置隐蔽项目检查方法 / 中国石油化工股份有限公司炼油事业部编．—北京：中国石化出版社，2023.4
ISBN 978-7-5114-6995-3

Ⅰ.①连…　Ⅱ.①中…　Ⅲ.①石油炼制－连续催化重整－化工设备－设备检修　Ⅳ.①TE966

中国国家版本馆 CIP 数据核字（2023）第 045582 号

中国石化出版社出版发行

地址：北京市东城区安定门外大街 58 号
邮编：100011　电话：(010) 57512500
发行部电话：(010) 57512575
http：//www.sinopec-press.com
E-mail：press@sinopec.com
北京富泰印刷有限责任公司印刷
全国各地新华书店经销
*
710×1000 毫米 16 开本 6.75 印张 116 千字
2023 年 5 月第 1 版　2023 年 5 月第 1 次印刷
定价：38.00 元

《连续重整装置隐蔽项目检查方法》
编 委 会

序　言

随着我国炼化装置越来越大型化、智能化和集约化，安全、环保、稳定运行和效益的矛盾日益突出，如何实现炼化装置设备、管道及设施的长周期完好，是摆在我们面前急需解决的课题。隐蔽项目的检查是装置检修的难点，不仅存在着诸多的未知因素，而且还面临着隐蔽项目检查和检修不到位或判断失误，造成装置停车或事故，严重影响着装置的“安稳长”运行。

目前，大型的炼化装置已经实现了“四年一修”的目标，未来正在向“五年一修”的目标迈进，要求各级设备管理人员不仅要有设备运行、维护和检修的经验，更重要的是对隐蔽项目会制定方案、会找问题、会检修，确保装置设备、管道及设施在可控的范围内发挥更大的作用。随着设备检修要求的提高和检修周期的延长，装置与之管理相适应人员的经验略显不足，技术水平急需提高，隐蔽项目“不怕查出问题，就怕有问题查不出来”，这种现象已经引起了我们的高度重视。目前急需一个装置隐蔽工程检查规范的指导性书籍，把隐蔽项目检查内容、方式和作业行为进行规范，避免由各企业或者设备管理人员、检修人员自行操作，使之过去存在的随意性大、不科学、不专业得以纠正，防止出现过修、失修造成安全事故。编制一部具有较强的专业性和实用性的工具书来指导隐蔽项目检查，势在必行。

本书是一部专门针对炼油装置隐蔽项目检查方法和过程控制的工具书，重点解决隐蔽项目“查什么？怎么查？过程如何控制？”的问题，针对中国石化炼化装置历史故障和维修的大量数据，分析可能出现的问题，利用现代的检测手段，制定检查部位和检查方法，确定修复措施。本书对于指导工艺管理人员、设备管理人员、检修人员制定检修计划、检修方案具有很强的实用价值，有助于提高隐藏缺陷的检出率、修复率和检修效率，降低因隐蔽项目带来的风险和经济损失。本书语言通俗易懂，描述细致详实，图文并举，可作为检修方案的编制依据，可作为工艺、设备和检维修管理人员的培训教材，可作为专业人员的参考书籍。

诚然，由于时间仓促，编者水平有限，本书难免有错漏之处，需广大设备管理工作者在实践中不断指正，在以后的版本中加以改进和完善。

目　录

1 连续重整装置简介

1.1 连续重整装置工艺简介

催化重整是以C_6~C_{11}石脑油馏分为原料，在一定温度、压力、临氢和催化剂存在的作用下，烃分子发生重新排列，使环烷烃和烷烃转化成芳烃或异构烷烃，使石脑油转变成富含芳烃的重整生成油，并副产氢气的过程。

催化重整装置主要加工直馏石脑油、加氢裂化和加氢改质石脑油，也可加工热加工石脑油（经加氢处理后的焦化石脑油和减黏裂化石脑油）、乙烯裂解汽油的抽余油和加氢后的催化裂化重石脑油等。装置按产品用途分为两种：一种用于生产高辛烷值汽油调合组分；另一种则用于生产芳烃（苯、甲苯、二甲苯，简称BTX），作为石油化工基本原料。

由于目的产品不同，装置构成也不相同。用于生产高辛烷值汽油调合组分的催化重整装置包括：原料油预处理部分、催化重整反应部分和产品稳定等部分；用于生产芳烃的催化重整装置除上述外，还包括芳烃抽提和芳烃精馏等部分。连续重整装置还包括催化剂再生部分。

从炼油工艺的角度讲，催化重整催化剂是对反应系统环境气氛要求最严格的催化剂之一。催化重整催化剂对其进料的要求是：精制石脑油的水含量<5.0mg/kg，0.25mg/kg<硫含量<0.5mg/kg，氮含量<0.5mg/kg，氯含量<0.5mg/kg，砷含量<1.0μg/kg，铅含量<10.0μg/kg，铜含量<10.0μg/kg。另外，在运转过程中还要按要求调整、控制好反应系统的水氯平衡（水、氯分子比），才能实现优质、高效、长周期平稳运转。随着催化重整技术的发展和人们对重整环境控制认识的不断深化，重整催化剂对进料的杂质含量要求越来越严格。目前，催化重整的主要原料是直馏石脑油、加氢裂化石脑油。二次加工装置产的其他石脑油（柴油、航煤加氢精制石脑油和焦化石脑油或催化裂化汽油馏分）以适当的比例直接掺到直馏石脑油中，经过加氢预处理后，可作为催化重整原料，扩大了催化重整原料来源。另外，油气田生产的凝析油和乙烯裂解装置尾油，其芳烃潜含量高，也是很好的重整原料。

1.2 主要工艺流程

目前国内外常见的催化重整工艺主要分为半再生催化重整工艺和连续再生重整工艺两种，凭借技术上的优势，近年来在建的催化重整装置全部采用连续再生重整工艺，主要工艺流程包括：

（1）原料油预处理单元。原料油在进入重整反应系统之前一般都要先进行预处理，以切取合适的馏分和除去有害的杂质，包括预分馏和预加氢（石脑油加氢精制）两个部分。预分馏的目的为经过精馏以切除原料油中的轻组分（拔头油）；预加氢的目的是脱除原料油中对重整催化剂有害的杂质，其中包括硫、氮、氯、氧、烯烃以及砷、铅、铜和水分等。如果原料油中砷含量和氯含量超高，则还需要专门的脱砷和脱氯设施。

（2）催化重整反应单元。石脑油经过预处理后作为重整部分的进料，泵出来先与循环氢混合，然后进入换热器与反应产物换热，再经加热炉加热后进入反应器。反应器为绝热式，一般设置3~4个。由于重整反应是吸热反应，物料经过反应后温度降低，为了保持足够高的反应温度，每个反应器之前都设有加热炉，最后一个反应器出来的物料一部分与进料换热，一部分作为稳定塔底重沸器的热源，然后再经冷却后进入油气分离器。从油气分离器顶分出的气体大部分用循环氢压缩机压送，与重整原料混合重新进入重整反应器，其余部分作为产氢送至预加氢使用。油气分离器底分出的液体与稳定塔（或脱戊烷塔）底液体换热后进入稳定塔（脱戊烷塔）。在生产高辛烷值汽油时，重整汽油从稳定塔底出来冷却后送出装置；在生产芳烃时，重整生成油经脱戊烷塔脱去戊烷并经换热后送至芳烃抽提部分。

（3）芳烃抽提单元。重整生成油中的芳香烃和其他烃类的沸点很接近，难以用精馏方法分离，一般采用溶剂抽提的办法从重整生成油中分离出芳香烃。溶剂是芳香烃抽提的关键因素，常用的溶剂有二乙二醇醚、三乙二醇醚、四乙二醇醚、二甲基亚砜和环丁砜等。重整生成油的芳烃抽提包括溶剂抽提、提取物汽提和溶剂回收三部分。芳烃精馏分离是将混合抽提出的混合芳烃通过精馏分离成单体芳香烃。

（4）催化剂再生单元。催化剂的连续再生是连续重整的主要特点之一，部分结焦的催化剂从反应器底部连续排出，通过在线烧焦、氯化、干燥、还原等过程将经过重整反应后结焦积炭、活性降低的催化剂重新恢复活性，实现催化剂不停工再生，从而使重整反应部分可以在更高的苛刻度下操作。

1.3 重整装置主要失效机理及分布情况

重整装置的易失效部位主要包括：预处理部分的预分馏塔塔顶系统、预加氢进料及反应产物馏出系统；重整部分重整塔塔顶及反应产物后冷系统；抽提部分汽提塔、再生塔、回收塔、塔底重沸器等；临氢设备管线；加热炉；再生碱洗系统；余热回收系统等。

主要失效类型和机理包括NH_3+HCl+H_2S+H_2O腐蚀、高温硫化、高温氧化、高温H_2+H_2S腐蚀、高温氢腐蚀、低温湿硫化氢腐蚀、铬钼钢的回火脆化、不锈钢的氯化物应力腐蚀开裂和停工时的连多硫酸开裂、氯化铵腐蚀、有机酸和无机酸的腐蚀等。

1.3.1 高温氢腐蚀

当温度高于232℃、氢的分压大于0.7MPa时，扩散侵入钢中的氢与钢中不稳定的碳化物起反应生成甲烷，引起钢材的内部脱碳，造成裂纹、鼓泡，使金属材料削弱强度。形成的甲烷气泡成长速度缓慢且没有串通的阶段，钢材的力学性能不发生明显改变，这段时间称为“孕育期”。一旦到达扩展期会迅速开裂，造成重大事故。“孕育期”的长短取决于许多因素，包括钢种、氢压、温度、冷作程度、杂质元素含量和作用应力等。

铬钼钢具有抗氢腐蚀能力与足够的高温强度，为了抵抗高温氢腐蚀，可参照API RP941《炼油厂和石油化工厂用高温高压临氢作业用钢》中的Nelson曲线来选择反应器基体的材料。本装置重整反应器、四合一炉炉管及相关出入口管线存在高温氢腐蚀环境。

1.3.2　高温 H_2+H_2S 腐蚀

H_2+H_2S腐蚀通常发生在加氢装置。大多数炼厂中，H_2S/H_2腐蚀的阈值温度是260℃，但要根据循环气体引入的硫化氢的量而定。在氢的促进下可使H_2S加速对钢材的腐蚀，在富氢环境中，原子氢能不断侵入硫化膜，造成膜的疏松多孔，因而H_2S的腐蚀就不断进行。少量的铬（例如5%~9%的Cr）只能适度地提高钢的耐腐蚀能力，若要明显地改善钢的耐腐蚀能力，至少需要12%的Cr含量。如果再加入Cr和Ni，则可从实质上改善钢的耐腐蚀能力。可用Couper和Gorman提出的相互关系来估计无烃环境和含烃环境的腐蚀速率。

本装置预加氢反应器、预加氢进料加热炉及相关管线存在高温H_2+H_2S腐蚀环境。

1.3.3　氯化铵腐蚀

重整装置反应后残留的氮化物与HCl会形成NH_4Cl铵盐结晶，易堵塞设备与管道。氯化氨如遇水会形成腐蚀性极强的酸性环境，造成碳钢或不锈钢腐蚀。氯化铵易结晶的部位有焊接板式混合进料换热器低温板片之间、反应产物分离器和脱戊烷塔顶部与空冷器。干态铵盐结晶没有腐蚀性，存在装置停工期间吸潮后的垢下腐蚀。

1.3.4　HCl+H_2O 腐蚀

重整原料中的水和含氧化合物加氢后所生成的水会冲掉催化剂上的氯，使某些部位形成HCl+H_2O腐蚀环境。预加氢单元、重整单元、芳烃抽提单元和芳烃精馏单元的部分设备，如重整产物冷凝冷却器、脱戊烷塔顶冷凝系统设备与管线、芳烃抽提冷换设备及管线以及芳烃精馏进料换热器、苯塔塔顶空冷等部位常常发生$HCl+H_2O$腐蚀，腐蚀形态主要表现为碳钢的均匀减薄腐蚀，0Cr13Al（0Cr13）的点蚀，304等奥氏体不锈钢的点蚀和应力腐蚀开裂。

重整催化剂的酸性功能依靠卤素提供，催化剂再生过程是在一定压力下用含少量氧气的惰性气体缓慢烧去催化剂表面的积炭，产生含大量HCl、CO_2、CO、H_2O的废气。在冷凝冷却系统发生酸性气露点腐蚀，对于碳钢表现为非均匀全面腐蚀或垢下腐蚀，对不锈钢表现为点蚀或应力腐蚀开裂。

1.3.5 $NH_3+HCl+H_2S+H_2O$腐蚀

原料油中的硫、氮、氧、氯等的化合物，在预处理单元的预加氢过程中通过加氢反应生成H_2S、NH_3、H_2O和HCl。NH_3和HCl结合生成气态的NH_4Cl，当物流温度降低到盐的结晶温度以下时，就会析出固态NH_4Cl盐垢。同时，NH_3和H_2S可反应生成气态的NH_4HS，当物流温度降低到盐的结晶温度以下时，就会析出固态NH_4HS盐垢。预分馏塔塔顶及冷凝冷却系统、进料/反应产物换热器，反应产物馏出系统的空冷器、后冷器、管线、油气分离罐等部位发生$NH_3+HCl+H_2S+H_2O$型腐蚀，碳钢表现为均匀腐蚀，0Cr13为点蚀，奥氏体不锈钢为点蚀和氯化物应力腐蚀开裂。NH_4Cl结晶沉积的温度随着NH_3和HCl浓度的增加而提高，随着操作压力的升高而相应提高。NH_4Cl盐垢具有吸湿性，可从气态物流中吸取水分，导致NH_4Cl盐水解生成盐酸造成垢下腐蚀。

1.3.6 金属粉化

发生在重整工段的高温材料金属粉化是金属在渗碳气体和/或含碳和氢的工艺流体中发生的局部点蚀加速的一种渗碳形式。侵蚀经常是局部的，表现为深而圆的凹坑，并可能表面有石墨粉尘。低合金钢、300系列不锈钢、镍基合金和耐热合金在482~816℃运行温度范围内都有可能发生金属粉化。为了避免金属粉化，需保证原料有一定量的硫与金属表面生成硫化铁保护膜。本装置重整进料注硫设施，调节进料适宜的硫含量，避免金属粉化腐蚀。

金属粉化的机理被认为是：金属基体通过渗碳饱和；金属碳化物在金属表面和晶粒边界析出；石墨从气氛沉积到表面的金属碳化物上；石墨和金属颗粒下的金属碳化物分解；通过表面上的金属颗粒催化的石墨进一步沉积。

重整装置加热炉管出现金属粉化主要在辐射炉管的出口段和集合管内表面。

1.3.7 循环水腐蚀

循环水腐蚀通常发生在水冷器的管程，表现为水锈、水垢，以及垢下的坑蚀和局部腐蚀。

冷却水中如果溶解了盐、氧气以及生物组织或微生物，将引起碳钢和其他金属的全面或局部腐蚀。冷却水腐蚀往往和结垢伴随发生。影响冷却水腐蚀的因素有：物料温度、循环水的类型（新鲜、半咸、海水）以及冷却系统形式（一次性使用、开放式循环、密闭循环）、循环水含氧量、循环水流速。循环水出口温度和工艺物料入口温度的增高也会使循环水腐蚀的腐蚀速率增大，也会增大设备结垢的倾向。循环水中氧含量的增加会增大碳钢冷却水腐蚀的腐蚀速率。如果工艺介质温度高于60℃，就会在新鲜水中形成水锈、结垢，并随着工艺介质温度的升高和冷却水入口温度的升高而增大。结垢物可能来自矿物质的沉积（坚硬）、悬浮生物、腐蚀产物、冷却水中生长的水生物和微生物。应当尽可能地保证冷却水流速不能太低，以减少沉积物沉淀和结垢的发生，同时又不能太高，以防止流速过高对设备造成冲蚀。冷却水的流速取决于管子的材料和冷却水的质量，如果冷却水流速低于3fps（1m/s）很可能会引起结垢、沉淀，并引起设备腐蚀。

冷却水腐蚀可以引起多种形式破坏，包括全面腐蚀、点蚀、微生物腐蚀、应力腐蚀开裂和结垢。当冷却水中溶解有氧时碳钢会发生全面或整体腐蚀。局部腐蚀可能是由于垢下腐蚀、缝隙腐蚀或微生物腐蚀所引起。沉淀物或缝隙可以引起垢下腐蚀或缝隙腐蚀。冷却水腐蚀、侵蚀或磨损会在设备接管和管子入口造成沟槽腐蚀或平滑的腐蚀。300系列不锈钢在冷却水系统会发生点蚀、缝隙腐蚀和应力腐蚀开裂，碳钢焊缝部位会发生严重的焊缝和热影响区腐蚀。

冷却水腐蚀（和结垢）可以通过合理的设计、运行和冷却水系统的化学处理来预防。设计上工艺介质的入口温度低于57℃。必须保持冷却水在最大和最小流速之间，尤其对于含盐水系统。对换热器零件材料进行升级可以改善其耐蚀性，尤其在水含氯量较高、水流流速低、工艺温度高和无法保障水处理质量的条件下。应当对影响冷却水腐蚀和结垢的工艺参数进行监控，包括冷却水的pH值、氧含量、生物杀灭剂存留量、生物活性、冷却水出口温度、烃杂质和工艺介质泄漏量等。

1.3.8 大气腐蚀和保温层下腐蚀

大气腐蚀发生在潮湿的环境条件下，海洋环境或潮湿的工业气体污染环境下程度更严重，保温层下腐蚀发生在保温层下积水时。关键因素包括环境条件（工业、海洋或乡村）、潮湿度、温度、盐或硫化物的存在，以及保温层的类型（层下腐蚀）等，特别是氯化物、H_2S、SO_2以及烟尘等空气污染物加速大气腐蚀。

大气腐蚀表现为均匀或局部腐蚀，依赖于是否局部有水集聚，漆层脱落部位为均匀腐蚀。大气腐蚀外观表现为形成红色氧化铁产物。保温层下腐蚀对于碳钢和低合金钢表现为松散的、薄片状的氧化皮，具有高度的局部腐蚀特征。对300系列不锈钢，保温层下腐蚀表现为凹坑或氯化物应力腐蚀开裂。

主要分布的区域为：

壁温在-12~121℃无保温层的碳钢或低合金钢设备和管道，均可能发生大气腐蚀，特别是漆层脱落部位、操作温度在常温附近波动、停车或长期停用设备、管道支承部位。保温层下腐蚀发生在冷却水塔下风向、冷却水喷淋系统、酸气、蒸汽放空附近，以及法兰、直接焊在器壁上的保温支承圈、平台、扶梯、支腿、接管、蒸汽伴热泄漏部位、设备底部积液部位。

1.3.9 芳烃抽提部分有机酸、无机酸腐蚀

芳烃抽提部分的腐蚀是由于抽提溶剂降解造成。目前常用抽提溶剂有二乙二醇醚、三乙二醇醚、四乙二醇醚、环丁砜等。在系统中存在的少量氧的作用下，这些溶剂在一定的温度条件下会发生降解，生成有机酸或无机酸产物，造成设备腐蚀。

环丁砜在无氧和正常温度下操作，分解速度和腐蚀性都很小，但是当温度高于180℃时则会分解，在有氧存在的情况下，会发生化学分解产生腐蚀性较强的物质，氧对环丁砜溶剂稳定性有很大的影响。有水存在时，环丁砜分解产物SO_2、SO_3生成硫酸、亚硫酸等酸性物质对系统形成腐蚀。重整生成油脱氯效果不佳时，造成氯化物进入芳烃抽提单元，在水存在时与硫酸、亚硫酸一起对系统形成腐蚀，尤其在芳烃精馏白土罐换完新白土后，细分沉

积部位腐蚀更加明显。

环丁砜在220℃条件下缓慢分解产生SO_2和不饱和聚合物，在230℃以上则加速分解，超过240℃高温会加速环丁砜的降解产生大量的SO_2和SO_3。因此，温度越高，环丁砜的降解越严重，产生的腐蚀性物质越多。若装置系统中含氧量>0.5%，芳烃抽提单元易发生腐蚀的设备与管道部位有：抽提蒸馏塔顶部及顶部冷却系统、溶剂回收到顶部及顶部冷却系统。

1.3.10 烟气露点腐蚀

由于燃料中硫元素在燃烧时生成SO_2、SO_3，当换热面的外表面温度低于烟气露点温度时，在换热面上就会形成硫酸雾露珠，导致换热面腐蚀。燃料在燃烧时，其中的氢（H_2）和氧（O_2）生成水蒸气（H_2O），而燃烧器大部分又采用蒸汽雾化，因而使炉子中的烟气带有大量的水蒸气。另外燃料中的硫（S）在燃烧后生成二氧化硫（SO_2），其中少量的SO_2进一步又氧化成三氧化硫（SO_3），三氧化硫与烟气中的水蒸气结合生成硫酸（H_2SO_4）。含有硫酸蒸汽的烟气露点大为升高，当受热面的壁温低于露点时，含有硫酸的蒸汽就会在受热面上凝结成含有硫酸的液体，对受热面产生严重腐蚀。因为它是在温度较低的受热面上发生的腐蚀，故称为低温腐蚀。由于只有在受热面上结露后才发生这种腐蚀，所以又称露点腐蚀。露点温度的高低除与燃料中的含硫量有关外，还与过剩空气系数和三氧化硫的生成量等因素有关。炉膛温度越高过剩空气越少，则燃烧中的硫生成的SO_2被氧化成SO_3的份额就越小，露点温度也就越低。近年来由于加热炉烟气排烟热量的取用造成排烟温度的降低，容易引起露点腐蚀。

连续重整装置典型失效部位及类型如图1-1、图1-2所示。

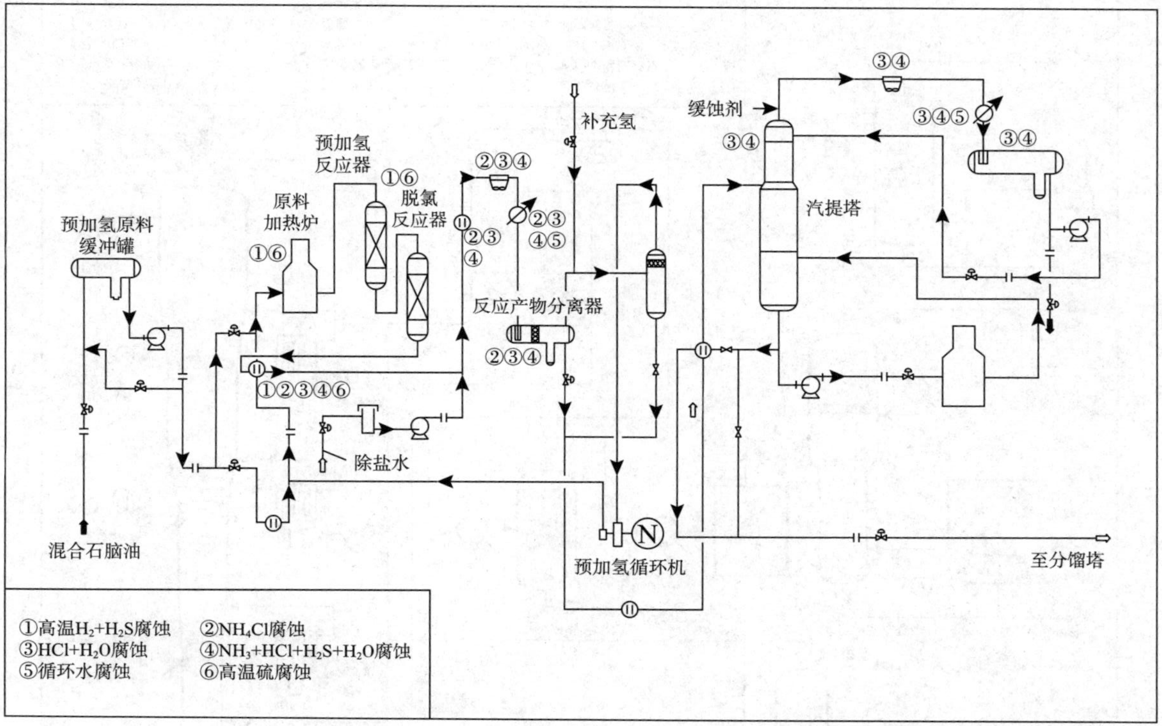

图 1–1 预加氢单元典型的失效部位及类型

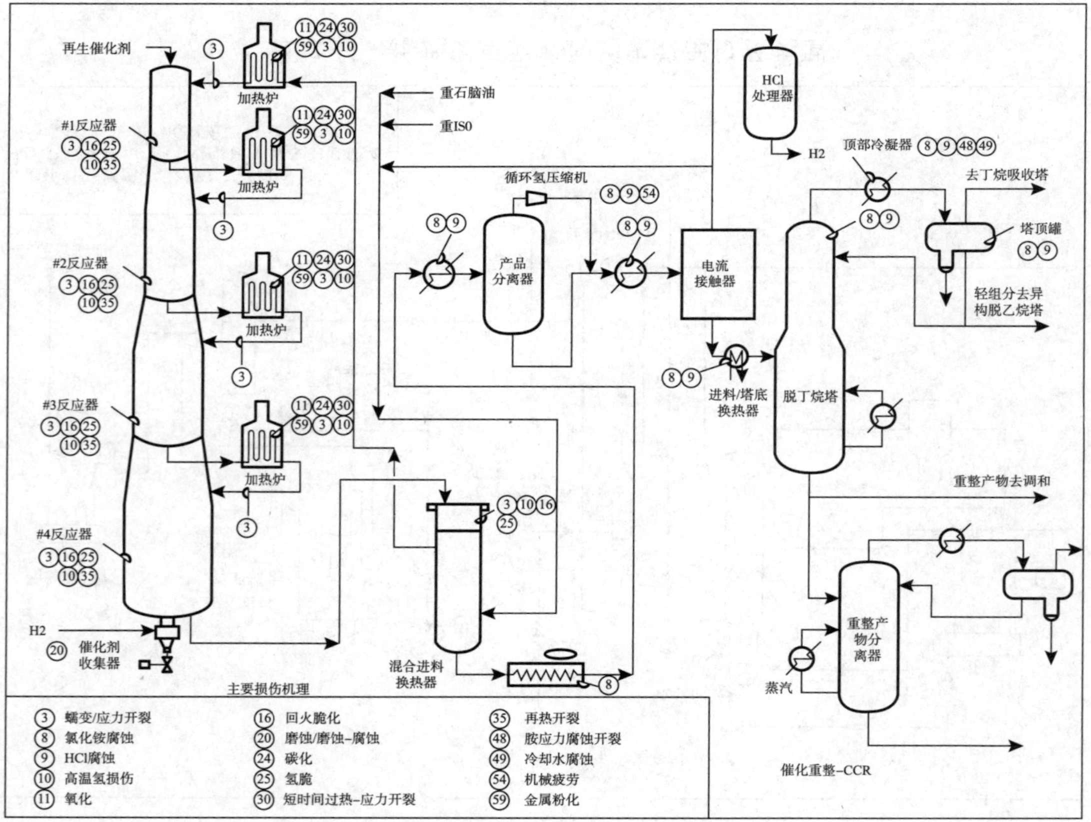

图 1-2 重整单元典型的失效部位及类型

2 隐蔽项目检查及处理

2.1 预加氢反应器、重整反应器、再生器

2.1.1 预加氢反应器

2.1.1.1 结构简图

预加氢反应器结构简图如图 2–1 所示。

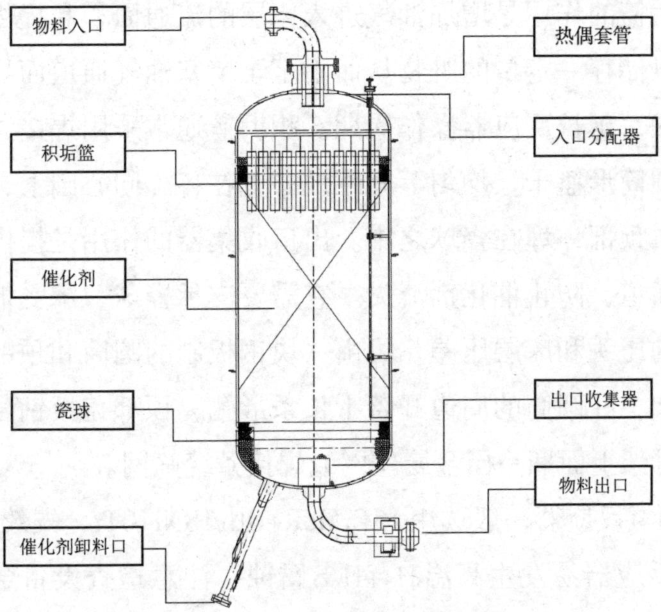

图 2–1 预加氢反应器结构简图

2.1.1.2　结构特点及失效机理

为满足重整催化剂对进料中有害杂质的要求，根据原料杂质含量的不同，有选择地设置精制反应器、脱氯反应器、脱砷反应器。

预加氢精制反应器内发生脱硫、脱氮、脱氧、脱金属、脱氯和烯烃饱和反应。在脱砷反应器内，原料中的砷与催化剂接触，转化为金属砷化物留在催化剂中被脱除。在脱氯反应器内，氯化物大部分与脱氯剂反应生成氯盐被脱除。

预加氢反应器结构如图2-1所示，是轴向反应器，主要结构包括筒体和内构件。内构件又包括进料分配器、积垢篮（带有支承圈）、卸料口、出口收集器等。为了缓解高硫腐蚀，主体材质基本上采用Cr-Mo钢为基材的不锈钢复合板。进料分配器的作用是把进料均匀地分配到整个床层上并避免进料直接冲刷催化剂床层。积垢篮的作用是增加油气进入床层的流通面积和提供一定的容积，以储存一定量的脏物从而不至于堵塞油气通道而导致床层压降增加，延长反应器操作周期。积垢篮通常采用焊接条缝筛网制成的圆筒形篮子，均匀等间距地布置在各个同心圆上，放在催化剂床层顶部，埋在瓷球之中。出口收集器的作用是提供反应产物流出通道，防止催化剂流失。它需要支承瓷球、承受催化剂净重产生的压头和床层压差。可由一块钢板制的圆筒和顶部盖板焊接成骨架，在圆筒的周边开若干长条形孔，顶部盖板钻若干个圆孔，在骨架上面捆一层金属丝网或焊接条缝筛网。

预加氢反应器一般选用15CrMoR+0Cr18Ni10Ti，失效机理为：预加氢反应器易发生高温H_2+H_2S腐蚀，注意检查设备金属复合层情况，另外由于长时间运行预加氢原料介质杂质较多容易引起反应器积垢篮堵塞，同时引起催化剂床层压降升高，不利于长周期运行。

2.1.1.3 隐蔽项目检查方法

预加氢反应器隐蔽项目检查方法见表2-1。

表2-1 预加氢反应器隐蔽项目检查方法

设备部位	检查内容	检查方法及标准
设备外表面	1.结构、几何尺寸、外观检查	1.采用目视方法检查压力容器本体结构、几何尺寸、表面情况（如裂纹、腐蚀、泄漏、变形），以及焊缝等
	2.保温层检查	2.检查隔热层的破损、脱落、潮湿，以及隔热层下压力容器壳体腐蚀倾向或者是否产生裂纹
设备内表面	1.堆焊层检查	1.检查堆焊层的腐蚀、裂纹、剥离和脱落
	2.复合板内表面裂纹检查	2.检查复合板内表面裂纹情况
设备本体	1.壁厚检测	1.采用超声测厚的方法选择有代表性的多个点进行检测，重点检测部位： 1.1 上、下封头； 1.2 接管短接； 1.3 宏观检验时发现的可疑部位； 1.4 易受腐蚀、冲蚀的部位； 1.5 使用中易产生变形及磨损的部位
	2.表面缺陷检测	2.采用NB/T 47013中的磁粉检测、渗透检测方法进行检测： 2.1 应力集中部位、变形部位、宏观检测发现裂纹部位、奥氏体不锈钢堆焊层等应当重点检测； 2.2 检测中发现裂纹时应当扩大表面无损检测的比例或者区域，以便更好地发现其他缺陷； 2.3 如无法在内表面进行检测，可以在外表面采用其他方法对内表面进行检测

续表

设备部位	检查内容	检查方法及标准
设备本体	3.埋藏缺陷检测	3.宜采用NB/T 47013中超声检测等方法对以下部位进行检测： 3.1 使用过程中补焊过的部位； 3.2 检验时发现焊缝表面裂纹，认为需要进行焊缝埋藏缺陷检测的部位； 3.3 错边量和棱角度超过制造标准要求的焊缝部位； 3.4 使用中出现焊接接头泄漏的部位及两端延长部位； 3.5 承受交变载荷压力容器的焊接接头和其他应力集中部位； 3.6 接管焊缝
	4.材料分析	4.采用化学分析、光谱分析、硬度检测、金相检测等方法按以下要求进行： 4.1 材质不明的，一般需查明主要受压元件的材料种类；对于第Ⅲ类压力容器及有特殊要求的压力容器，需查明材质； 4.2 存在应力腐蚀开裂倾向的容器焊缝，每条纵焊缝选一个部位，环焊缝间隔90°选取四个方位，对焊缝的母材、热影响区、焊肉进行硬度检测； 4.3 选择温度、应力最高的3个部位进行硬度测定； 4.4 运行两个周期以上，宜选择温度、应力最高的3个部位进行金相检测； 4.5 应选择温度最高的2处位置对堆焊层进行铁素体含量测定
	5.强度校核	5.对腐蚀深度超过腐蚀裕量、名义厚度不明、结构不合理或者检验人员对强度有怀疑的压力容器，进行强度校核
人孔	1.螺栓检验	1.1 螺栓在逐个清洗后，检验其损伤和裂纹情况，重点检验螺纹及过渡部位有无环向裂纹，必要时进行无损检测； 1.2 运行温度在120℃以下建议使用普通的二硫化钼润滑脂；120~220℃之间建议使用加入多种极压添加剂精制而成的二硫化钼润滑脂的高性能产品；220℃以上建议使用高温抗咬合剂

续表

设备部位	检查内容	检查方法及标准
人孔	2.垫片检验	2.1 垫片规格正确，金属环垫应逐件进行外观检查； 2.2 金属环垫应逐件进行硬度检查，硬度应低于法兰环槽密封面的硬度
	3.密封面	3.1 法兰检查有无裂纹，密封面不得有划痕、磕痕、裂纹和疵点等缺陷，人孔法兰密封面、直径≥250mm的接管法兰密封面进行渗透检测； 3.2 密封面表面光洁无机械损伤、径向刻痕、严重锈蚀缺陷，法兰孔及法兰清锈吹扫干净； 3.3 金属环垫的法兰连接前，法兰环槽密封面与金属环垫应做接触线检查，当八角垫在密封面上转动45°后，检查接触线不得有间断现象，否则应进行研磨修理； 3.4 螺栓紧固采用定力矩管理
安全附件	安全附件检验	检验安全阀是否在校验有效期内
内部附件	1.入口分布器	1.检查入口分布器有无破损、变形等失效情况
	2.支承圈和积垢篮	2.1 检查积垢篮和支承圈有无破损、变形等失效情况； 2.2 检查积垢篮积垢情况
	3.出口收集器	3.出口收集器所有焊缝不得开裂，丝网无损，捆扎坚固，并清扫干净
卸料口	卸料管	卸料管法兰紧固可靠
支撑	1.裙座及基础	1.裙座无变形、裂纹，基础板无腐蚀，无裂纹破损，下沉，歪斜，地脚螺丝无松动
	2.防火涂料	2.防火涂料完好，无剥落及裂化，防腐涂料无剥离

2.1.1.4 处理措施及更换周期

（1）压力容器检验策略和检验方案，应在满足TSG 21《固定式压力容器安全技术监察规程》第8章要求情况下不断优化，提高检验有效性和经济性，保障设备安全性。定期检验项目应符合规程要求，并视情况与检验员协商确定。长周期运行装置所属压力容器和压力管道优先采用基于风险的检验（RBI），近两个检验周期焊缝检测重复率一般不超过30%，设备3~4个检验周期焊缝检测覆盖率宜达到50%以上。

（2）设备内表面堆焊层、设备本体表面缺陷及埋藏缺陷中发现的裂纹等缺陷应探明深度，若未触及母材，可监控使用；若裂纹深度触及母材，应制订专项修复方案。

（3）设备本体如发现母材存在分层缺陷，应当增加测点，查明分层分布情况，进行缺陷评估并作图记录。

（4）如设备本体强度校核由检验机构或委托有能力的压力容器设计单位进行，校核原则按照TSG 21《固定式压力容器安全技术监察规程》最新标准执行。

（5）反应器法兰拆装纳入关键法兰管理，进行全过程监管，包括垫片、紧固件的选用、密封面的检查、力矩值的计算、紧固工具的确认、紧固过程的监管和力矩值的复核等环节，应按照"中国石化钢制法兰密封完整性管理要求"执行。

螺栓无损检测，M50以上（包括M50）进行超声抽测，M50（包括M36）以下进行着色抽测，均按JB 4730的Ⅰ级为合格，运行周期达到2个及以上应按照不低于20%的比例抽查。螺栓应逐个清洗，运行温度在120℃以下建议使用普通的二硫化钼润滑脂；120~220℃之间建议使用加入多种极压添加剂精制而成的二硫化钼润滑脂的高性能产品；220℃以上建议使用高温抗咬合剂，设计和工艺另有要求的场合除外。

（6）入口分配器、支承圈、积垢篮破损和变形的应采用补焊修复或整体更换，积垢篮应逐台采用高压水冲洗干净并吹干；收集器丝网应采用点焊、补焊修复，必要时整体更新。

2.1.2 重整反应器

2.1.2.1 结构简图及特点

连续重整反应器多数为4台串联操作，其布置有重叠式、并列式和两两重叠+并列三种型式。重叠式布置的反应器之间的催化剂靠反应器之间压差和自身势能实现自上而下流动，不需要专用提升系统和设备。并列式布置的反应器之间的催化剂流动靠一套专用提升系统来完成。

重叠式连续重整反应器如图2-2所示，自上而下分别为还原段、一反、二反、三反、四反。除还原段外，每一个反应器内均由一根中心管、多根催化剂输送管、扇形筒和连接中心管与扇形筒的盖板组成。反应器内油气流动为上进上出式。催化剂自还原段通过催化剂输送管进入一反的扇形筒和中心管之间的床层，靠势能缓慢地向下流动，到一反底部时经底座的引导口，通过催化剂输送管进入二反。照此，直至催化剂进入四反底部的催化剂收集器，最后由收集器出口流出。

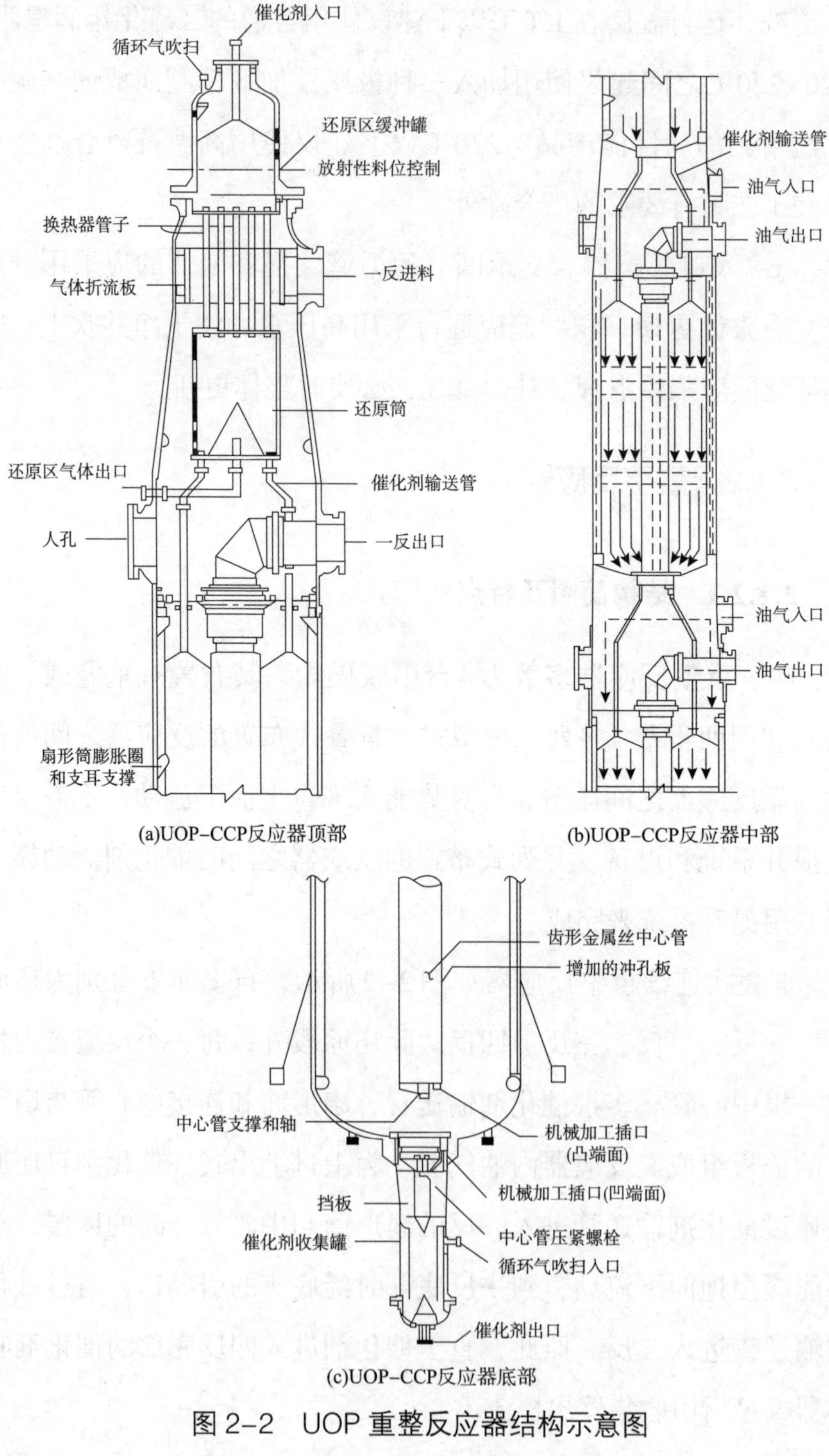

(a)UOP-CCP反应器顶部

(b)UOP-CCP反应器中部

(c)UOP-CCP反应器底部

图 2-2　UOP 重整反应器结构示意图

并列式连续重整反应器如图2-3所示，几台反应器独立并联布置，串联操作，其内件由中心管、大直径外筛网（或若干扇形筒）、套筒、盖板、催化剂进出口及催化剂输送管组成。每台反应器上下各设一个催化剂料斗，在下部料斗下面设有催化剂提升器，还原反应器设置在一反上部料斗与一反之间。催化剂从顶部催化剂入口进入，经输送管进入中心管和外筛网（或扇形筒）之间的催化剂床层，向下流动，从底部催化剂出口流出，经过反应器下部料斗和提升器提升到下一台反应器上部的料斗，直至从最末一台反应器底部出来，由提升器提升到设在再生器上部的缓冲料斗，然后进入再生器。油气从原料入口进入，经进料分配器进

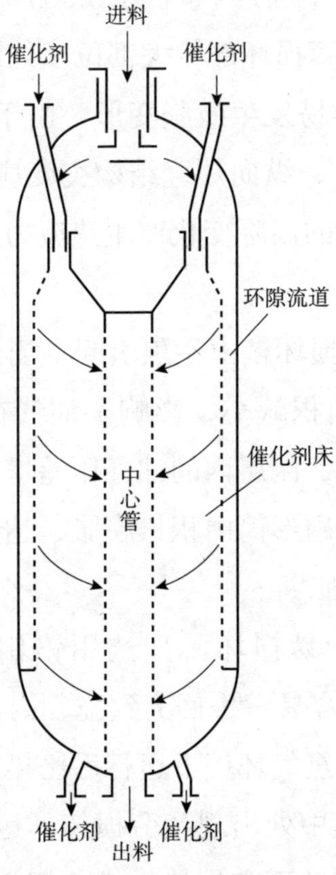

图2-3 IFP重整反应器

入大直径外筛网与反应器器壁之间的环形空间，然后径向流过催化剂床层，进入中心管，从下部反应器出口流出。

2.1.2.2 失效机理

重整反应器目前多采用热壁反应器，由于反应温度在540℃，设备容易引起高温氢腐蚀，筒体通常采用抗高温氢腐蚀的铬钼钢。当温度超过500℃时，1Cr-0.5Mo和1.25Cr-0.5Mo易发生蠕变开裂，原因是在低韧性、粗晶粒焊接热影响区存在应力集中。为了避免这个问题，采用2.25Cr-1Mo，热处理消除应力和回火或其他热处理来提高退火性能。另外，当使用1.25Cr-0.5Mo时要限制C含量低于0.14%、S和P含量低于0.005%。

重整反应器中心管损坏部位大都位于约翰逊网的纵向接缝部位，而且约翰逊网容易发生鼓胀变形，由于制造工艺存在缺点，电阻焊接残余应力大、纵向焊缝结构突变应力集中，且装置开、停工引起进出料突然的温降变化产生热应力变化都是产生故障的主要原因。

反应器扇形筒的损坏多由生焦引起，当焦粉在扇形筒内积累时，扇形筒的过流面积减小，影响了油气在扇形筒内的正常流通，部分油气走短路，床层内的油气压差增大；扇形筒内的积炭继续增加时，积炭在扇形筒内积累膨胀，达到一定程度后，将扇形筒胀裂或把支承圈胀断。

反应器内部螺栓易损坏。如选用铬钼钢材质长时间处在371~565℃温度下，容易发生回火致脆，内部紧固件本身的预紧力较大，长期在高温氢气环境下运行后已接近塑性变形和弹性变形的边缘，在应力集中处出现疲劳损伤。运行中内构件热膨胀、收缩不均衡、发生晃动而产生拉伸或剪切应力导致进一步加剧。

部分螺栓处积炭严重，高温下会引起金属表面渗碳，形成脆性结构，宜选用S21268、S31608材质。

2.1.2.3 隐蔽项目检查方法

采用UOP技术的连续重整反应器隐蔽项目检查方法见表2–2。

表 2–2 采用 UOP 技术的连续重整反应器隐蔽项目检查方法

设备部位	检查内容	检查方法及标准
设备外表面	1.结构、几何尺寸、外观检查	1.采用目视方法检查压力容器本体结构、几何尺寸、表面情况（如裂纹、腐蚀、泄漏、变形），以及焊缝等
设备外表面	2.保温层检查	2.检查装置开停工引起的容器升降变化造成隔热层的破损、脱落、潮湿，以及隔热层下压力容器壳体腐蚀倾向或者是否产生裂纹
设备本体	1.壁厚检测	1.采用超声测厚的方法选择有代表性的多个点进行检测，重点检测部位： 1.1 容器封头减薄段四个方向及顶部共5个部位； 1.2 筒体每段筒节在0°、90°、180°、270°四个方向各测一点（塔器在人孔筒节段部位进行测厚）； 1.3 接管一般要求在3点、9点钟方向或间隔90°~180°，每个接管宜测2~4个点
	2.表面缺陷检测	2.采用NB/T 47013中的磁粉检测、渗透检测方法进行检测： 2.1 B类焊缝内表面，优先选择T形接头部位；重点检查有应力腐蚀倾向部位的焊缝；接管焊缝部位； 2.2 检测中发现裂纹时应当扩大表面无损检测的比例或者区域，以便更好地发现其他缺陷； 2.3 如无法在内表面进行检测，可以在外表面采用其他方法对内表面进行检测

续表

设备部位	检查内容	检查方法及标准
设备本体	3.埋藏缺陷检测	3.宜采用NB/T 47013中超声检测等方法对以下部位进行检测： 3.1 使用过程中补焊过的部位； 3.2 检验时发现焊缝表面裂纹，需要检测焊缝埋藏缺陷的部位； 3.3 错边量和棱角度超过制造标准要求的焊缝部位； 3.4 使用中出现焊接接头泄漏的部位及两端延长部位； 3.5 承受交变载荷压力容器的焊接接头和其他应力集中部位； 3.6 接管焊缝
	4.材料分析	4.采用化学分析、光谱分析、硬度检测、金相检测等方法按以下要求进行： 4.1 材质不明的，一般需查明主要受压元件的材料种类；对于第Ⅲ类压力容器及有特殊要求的压力容器，需查明材质； 4.2 存在应力腐蚀开裂倾向的容器焊缝，每条纵焊缝选一个部位，环焊缝间隔90°选取四个方位，对焊缝的母材、热影响区、焊肉进行硬度检测； 4.3 选择温度、应力最高的3个部位进行硬度测定； 4.4 运行两个周期以上，宜选择温度、应力最高的3个部位进行金相检测
人孔	1.螺栓检验	1.1 螺栓在逐个清洗后，检验其损伤和裂纹情况，重点检验螺纹及过渡部位有无环向裂纹，必要时无损检测； 1.2 运行温度在120℃以下建议使用普通的二硫化钼润滑脂；120~220℃之间建议使用加入多种极压添加剂精制而成的二硫化钼润滑脂的高性能产品；220℃以上建议使用高温抗咬合剂

续表

设备部位	检查内容	检查方法及标准
人孔	2.垫片检验	2.1 垫片规格正确，金属环垫应逐件进行外观检查； 2.2 金属环垫应逐件进行硬度检查，硬度应低于法兰环槽密封面的硬度
	3.密封面	3.1 法兰检查有无裂纹、变形等缺陷； 3.2 密封面表面光洁无机械损伤、径向刻痕、严重锈蚀缺陷，法兰孔及法兰清锈吹扫干净；人孔法兰密封面、直径≥250mm的接管法兰密封面进行渗透检测； 3.3 金属环垫的法兰连接前，法兰环槽密封面与金属环垫应做接触线检查，当八角垫在密封面上转动45°后，检查接触线不得有间断现象，否则应进行研磨修理； 3.4 螺栓紧固采用定力矩管理
催化剂输送管、通气管、催化剂收集器	1. 催化剂输送管、通气管、催化剂收集器	1.1 做通球实验，确保催化剂输送管、催化剂收集器通畅无阻； 1.2 通气管应确保无破损，无变形
	2. 输送管	2.1 输送管除与法兰焊接外，不允许有其他焊缝，焊缝内表面应打磨光滑，无毛边尖角； 2.2 输送管各法兰面应密封可靠，螺栓应按规定将单螺母端点焊，另一端则以双螺母方式紧固； 2.3 检查输送管、螺栓材质应为不锈钢； 2.4 检查螺栓松动情况； 2.5 检查输送管垫片情况
	3. 通气管	3. 输送管套筒、通气管与相应密封板的间隙应控制在合理范围内，调整好后应将密封板四角点焊
	4.催化剂收集器	4.1 目视催化剂收集器内筒应无变形，且与反应器外壳间的径向间隙调整均匀； 4.2 目视收集器内无杂物

续表

设备部位	检查内容	检查方法及标准
反应器扇形筒、密封板、膨胀圈、支承圈与支承筋板	1.扇形筒	1.1 扇形筒外表面应干净、平滑、无毛刺及污垢，不得有堵孔现象，焊缝处不得有脱焊和烧穿现象； 1.2 扇形筒内不得有催化剂、焦炭和其他任何杂物； 1.3 扇形筒冲孔区应无明显变形，无裂纹，冲孔的最大缝隙符合要求； 1.4 扇形筒应平直，同一方向上，内变形最大值与外变形最大值符合要求，与中心筒环形间隙符合设计要求； 1.5 扇形筒伸出头无明显变形，其轴心线应与扇形筒轴心线平行，顶端的偏离值符合要求； 1.6 扇形筒如需进行补焊，则焊缝处应打磨平滑，禁止任何尖角和毛边； 1.7 扇形筒与密封板在检修前必须逐件对应做好安装位置标记，检修结束必须将标记清理； 1.8 扇形筒修补过程中禁止大面积堵孔； 1.9 如果扇形筒底部是封闭结构，扇形筒底部两侧和支承圈宜进行点焊，防止扇形筒底部结焦把扇形筒顶起，跳出膨胀圈
	2.密封板	2.1 密封板与支承环板之间应贴合密切，最大缝隙符合要求，密封板四角点焊处不得有脱焊； 2.2 扇形筒伸出头与密封板之间间隙符合要求
	3.支承圈与支承筋板	3.1 筒上部台阶面与支承环板下底面的间隙符合要求； 3.2 各支承筋板应焊接牢靠，无脱焊； 3.3 对于第一、二、三反应器，支承圈内边与各支承筋板卡口的侧边间隙符合设计要求，第四反应器，支承圈两边与各支承筋板卡口的两侧间隙应调整均匀，符合设计要求； 3.4 支承圈顶面应比各支承筋板顶面高，高度符合设计要求； 3.5 扇形筒背面应与反应器壳体内壁贴合； 3.6 扇形筒底部加强圈与支承圈及支承圈与支承圈筋板间点焊无脱焊

续表

设备部位	检查内容	检查方法及标准
反应器扇形筒、密封板、膨胀圈、支承圈与支承筋板	4.膨胀圈	4.1 各膨胀圈应连接可靠，膨胀圈外壁与大多数扇形筒正面间隙应符合设计要求，调整好后将膨胀圈上各连接螺母点焊； 4.2 支承圈外壁与大多数扇形筒正面间隙应符合设计要求
反应器中心管、膨胀节、虾米腰、进出口管法兰	1.中心管	1.1 中心管外层约翰逊网区不得有任何堵塞现象； 1.2 中心管外层约翰逊网应无明显变形，各网条无开裂和松动，使用塞尺检查，最大缝隙符合设计要求，一般为（0.61 ± 0.05）mm； 1.3 中心管垂直度要求控制在合理范围以内，总偏差符合设计要求； 1.4 中心管外表面应平滑，如需进行焊接修补，则焊缝处应打磨平滑，禁止任何尖角或毛边； 1.5 中心管约翰逊网区修理时封死面积不大于50mm × 50mm； 1.6 中心管内部各支承筋条无明显变形及脱焊； 1.7 中心管密封与膨胀节密封附近应清理干净，无积炭粉尘及标记； 1.8 中心管底座与底盖板之间应密封可靠，用塞尺检查，间隙在允许范围内； 1.9 中心管密封与膨胀节密封上螺栓均应拧紧，无松动现象
	2.膨胀节	2.1 波纹管膨胀节应无任何破裂现象及明显变形； 2.2 波纹管膨胀节保护套上各检查孔应通畅； 2.3 膨胀节底座与底盖板之间应密封可靠
	3.虾米腰	3.虾米腰焊缝无裂纹，符合设计要求
	4.进出口管法兰	4.进出口管法兰密封面宜选用RJ面，参照“中国石化钢制法兰密封完整性管理指导意见”关键法兰要求执行

采用IFP技术的连续重整反应器隐蔽项目检查方法见表2–3。

表 2–3　采用 IFP 技术的连续重整反应器隐蔽项目检查方法

设备部位	检查内容	检查方法及标准
人孔	1.螺栓检验	1.1 螺栓在逐个清洗后，检验其损伤和裂纹情况，重点检验螺纹及过渡部位有无环向裂纹，必要时进行无损检测； 1.2 运行温度在120℃以下建议使用普通的二硫化钼润滑脂；120~220℃之间建议使用加入多种极压添加剂精制而成的二硫化钼润滑脂的高性能产品；220℃以上建议使用高温抗咬合剂
	2.垫片检验	2.1 垫片规格正确，金属环垫应逐件进行外观检查； 2.2 金属环垫应逐件进行硬度检查，硬度应低于法兰环槽密封面的硬度
	3.密封面	3.1 法兰检查有无裂纹，密封面不得有划痕、磕痕、裂纹和疵点等缺陷，人孔法兰密封面、直径≥250mm的接管法兰密封面进行渗透检测； 3.2 密封面表面光洁无机械损伤，径向刻痕、严重锈蚀缺陷，法兰孔及法兰清锈吹扫干净； 3.3 金属环垫的法兰连接前，法兰环槽密封面与金属环垫应做接触线检查，当八角垫在密封面上转动45°后，检查接触线不得有间断现象，否则应进行研磨修理； 3.4 螺栓紧固采用定力矩管理
入口料腿、扇形板、盖板、密封套筒、导向板	1. 料腿	1.检查催化剂进料料腿与盖板开孔是否对中，有无擦痕
	2. 密封套筒	2.检查料腿上的密封套筒是否完全盖住盖板开孔，盖板相互搭接处缝隙是否超标
	3. 扇形板	3.检查扇形板是否有变形，相邻扇形板连接处缝隙是否超标
	4. 盖板	4.检查盖板与约翰逊网顶部封筒间隙是否超标
	5.导向板	5.1 检查中心导向板与外约翰逊网顶部封筒导向块位置是否正确，有无卡、碰现象； 5.2 检查外约翰逊网导向板与器壁间隙，判断外约翰逊网是否发生偏斜或扭曲

续表

设备部位	检查内容	检查方法及标准
内约翰逊网、外约翰逊网	1.内约翰逊网	1.1 检查约翰逊网筛网表面是否光洁、圆滑、平整，使用塞尺检查筛条之间缝隙是否符合要求，缝隙是否被催化剂粉末堵塞； 1.2 检查中心筒约翰逊网直线度是否符合要求； 1.3 检查中心筒约翰逊网与底座间隙是否符合要求
	2.外约翰逊网	2.1 检查外约翰逊网表面是否平整，母线是否在同一圆周面上，任意10根筛条范围内的平直度是否符合要求； 2.2 检查支承圈与外约翰逊网底板连接螺栓、螺母是否有松动现象，螺栓有无扭曲变形情况，支承圈与外网底板任意一点间隙是否符合要求； 2.3 检查外约翰逊网外加强筋是否完好，有无脱落现象
加强筋	加强筋	检查反应器内、外约翰逊网及外侧加强筋是否发生扭曲、偏斜、破损、断裂等损坏现象
催化剂输送管线	1.催化剂输送管线	1.1 检查催化剂输送管连接部位是否平整光滑、圆滑过渡，是否有凸台、毛刺等情况； 1.2 做通球实验应确保催化剂输送管、催化剂收集器通畅无阻
	2.管线测厚	2.检查管线是否明显减薄，定点测厚
	3.连接部位	3.1 输送管各法兰面应密封可靠，螺栓应按规定将单螺母端点焊，另一端则以双螺母方式紧固； 3.2 检查输送管、螺栓材质是否合格； 3.3 检查螺栓松动情况； 3.4 检查输送管垫片情况

注：低压组合床重整反应器、国产超低压重整反应器的检查标准可参考UOP、IFP检查标准执行。

2.1.2.4 处理措施及更换周期

1.采用UOP技术的连续重整反应器

（1）压力容器检验策略和检验方案，应当在满足TSG 21《固定式压力容器安全技术监察规程》第8章要求情况下不断优化，提高检验有效性和经济性，保障设备安全性。定期检验项目应符合规程要求，并视情况与检验员协商确定。长周期运行装置所属压力容器和压力管道优先采用基于风险的检验（RBI），近两个检验周期焊缝检测重复率一般不超过30%，设备3~4个检验周期焊缝检测覆盖率宜达到50%以上。

（2）反应器法兰拆装纳入关键法兰管理，进行全过程监管，包括垫片、紧固件的选用、密封面的检查、力矩值的计算、紧固工具的确认、紧固过程的监管和力矩值的复核等环节，应按照“中国石化钢制法兰密封完整性管理要求”执行。

螺栓无损检测，M50以上（包括M50）应进行超声抽测，M36（包括M36）以下进行着色抽测，均按JB 4730的Ⅰ级为合格，运行周期达到2个及以上应按照不低于20%的比例抽查。螺栓应逐个清洗，运行温度在120℃以下建议使用普通的二硫化钼润滑脂；120~220℃之间建议使用加入多种极压添加剂精制而成的二硫化钼润滑脂的高性能产品；220℃以上建议使用高温抗咬合剂，设计和工艺另有要求的场合除外。

（3）对扇形盖板、龙门架、龙门销与链条等部位进行清理，脱焊部位采取点焊修复，必要时更换。

（4）对催化剂输送管、通气管、催化剂收集器等部位进行疏通和清理，输送管螺栓材质宜选用S21268、S31608，法兰螺栓更换时需整体更换，运行3个周期（或者12年以上）应考虑更换输送管垫片。

（5）中心管底座密封面和膨胀节密封面采用定扭矩扳手拧紧，保证所有螺栓扭矩一样，如果发现螺栓松动，则应进行螺栓更换。

（6）对扇形筒进行污垢清理、打磨平滑，疏通扇形筒内部空间，补焊脱焊的部位，修复变形区域，必要时补焊，根据鉴定情况对扇形筒进行更换。

（7）中心管用铜丝刷或压缩空气清理，对破损处补焊。加强中心管底座垫片检查，视情况进行更换。运行周期15年以上且存在缺陷的中心管考虑更换。

（8）膨胀节应采用补焊或整体更换处理。

2.采用IFP技术的连续重整反应器

（1）压力容器检验策略和检验方案同UOP技术的连续重整反应器。

（2）反应器法兰拆装纳入关键法兰管理，进行全过程监管，包括垫片、紧固件的选用、密封面的检查、力矩值的计算、紧固工具的确认、紧固过程的监管和力矩值的复核等环节，应按照“中国石化钢制法兰密封完整性管理要求”执行。

（3）加强中心管底座垫片检查，视情况进行更换。

（4）密封面若损坏，一般不建议手工研磨，需制订相关修复方案，密封面应采用定扭矩管理。

（5）校正料腿或打磨料腿与盖板相碰部位。

（6）密封套筒与盖板缝隙应采用补焊处理。

（7）内、外约翰逊网不平整处应予以校正，对缝隙堵塞处进行人工清灰或干冰清灰，直线度不符合要求的要调整校正，中心筒约翰逊网与底座间隙不符合要求的要进行检修。运行周期15年以上且存在缺陷的中心筒考虑更换。

（8）不能满足工艺生产需求的加强筋，应按原设计文件要求考虑调整、修补或更换，如设计壳体焊接时，必须安排焊接前的消氢处理。

（9）催化剂输送管线的检查应按SHS 01005《工业管道维护检修规程》执行。

2.1.3 再生器

2.1.3.1 结构简图及特点

连续重整移动床再生器分为一段烧焦和二段烧焦两种形式。

一段烧焦式再生器由UOP设计，如图2-4所示，具有径向烧焦段、轴向氧氯化段和干燥段。催化剂从顶部入口进入外筛网（外约翰逊网）和内筛网（内约翰逊网）之间的环形空间，在这里进行烧焦，烧焦后的催化剂下流到氯化区进行补氯，然后继续下流到干燥区，干燥后入冷却区进行冷却，最后从下部催化剂出口流出，经闭锁料斗到提升器进入还原段。

催化剂在再生器内的烧焦、氯化、干燥和冷却是由外部通入的各种介质在器内完成的，在上段烧焦区，从烧焦区入口通入含有一定量空气的高温氮气，绕过设置在入口处的弧形挡板，从四周均匀地径向进入催化剂床层，烧去催化剂上的积炭，燃烧之后的气体进入内网并向上流动，从顶部烧焦区出口流出。下部再加热区入口也可引入含有一定量空气的高温氮气，进一步烧去从上部来的催化剂的积炭。含氯化物气体从氯化区入口进入外套筒和器壁之间形成的环形空间，往上流动，然后翻转向下进入内外套筒之间的环形空间，再翻转向上与催化剂逆流接触，完成催化剂氯化。干燥气体从干燥区入口进入套筒与器壁之间的环形空间，先向下流，然后翻转向上与催化剂逆流接触，完成催化剂干燥。冷却气体从冷却区入口进入套筒和器壁之间形成的环形空间，也是先向下流，然后翻转向上与催化剂逆流接触，完成催化剂冷却。

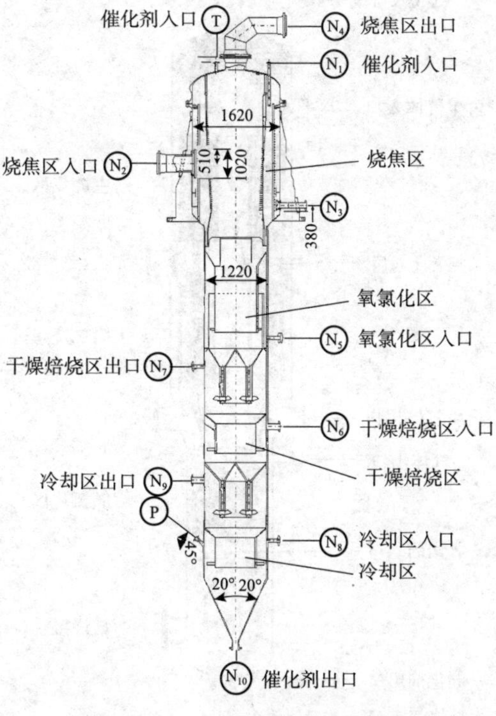

图 2-4　一段烧焦式再生器

烧焦区内件主要由内外约翰逊网构成，约翰逊网缝隙均匀，表面光滑，催化剂流动通畅，烧焦均匀。氯化、干燥、冷却区的内件主要是以锥形圆筒构成，气流在向上流动与催化剂逆流接触过程中实现氯化、干燥和冷却的目的。

二段烧焦式再生器由IFP设计，如图2-5所示，催化剂从顶部催化剂入口进入缓冲区，然后经催化剂输送管进入第一个中心管和外筛网之间的环形空间，再经催化剂输送管下流到第二个中心管和外筛网之间的环形空间，之后再从催化剂输送管先后下流到氧氯化轴向床层和干燥轴向床层，最后催化剂从催化剂出口管进入下部料斗。

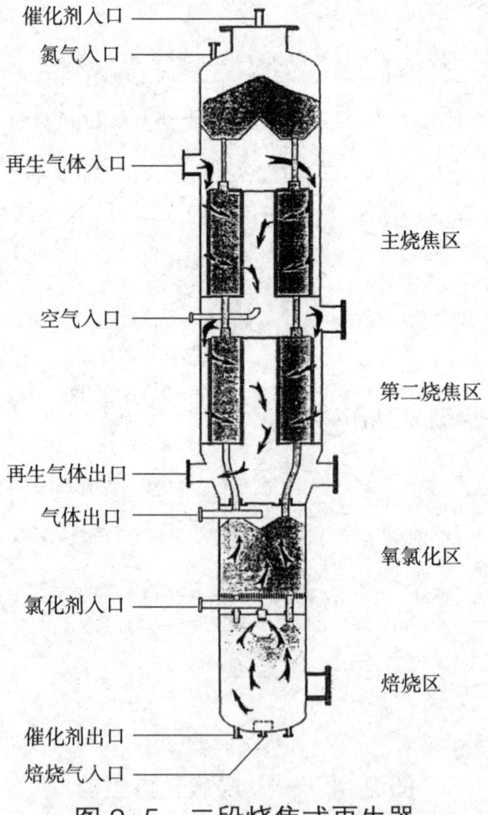

图 2-5　二段烧焦式再生器

催化剂在再生器内完成烧焦、氧氯化和干燥。在主烧焦区的一段烧焦气入口通入含有一定量空气的高温再生气，进入两隔板之间的空间，下流到外筛网与器壁之间，径向进入催化剂床层，烧去催化剂上的积炭，燃烧之后的再生气进入中心管向下流动，从一段烧焦气出口排出。在第二段烧焦区，二段烧焦气从二段烧焦气入口进入下一个外筛网与器壁之间的空间，再径向进入催化剂床层，完成最终烧焦，之后再生气体下流到下部两隔板之间的空间，从二段烧焦气出口流出。含氯化物气体从氧氯化段的氧氯化气出口进入，经由焊接条缝筛网制成的升气管向上流动，与催化剂逆流接触，完成催化剂的氯化。干燥气体从下部焙烧气入口进入，之后翻转向上流动，也与催化剂逆流接触，完成催化剂干燥。干燥气与氧氯化气混合一道从氧氯化气出口排出。

烧焦区内件有两段，每段均是由外筛网、中心管、盖板和底板构成的径向流动床层，完成催化剂的烧焦。氧氯化和干燥分别是氧氯化气和焙烧气在与催化剂逆向流动的两个轴向床层中，完成氯化和干燥。

2.1.3.2 失效机理

催化剂再生部分的选材要考虑工况。在烧焦再生阶段要求材料耐高温氧化，通常选用304H和316H。在氯化阶段要求材料耐氯离子腐蚀，过去多采用Inconel800，现一般采用316H代替，但要注意避免应力集中。还原阶段要求材料耐高温H_2腐蚀，由于环境温度高（600℃），1.25Cr-0.5Mo容易发生表面脱碳，应采用304H和316H。催化剂输送管道温度较低，采用碳钢可以满足要求，但考虑到耐磨蚀且防止腐蚀产生的铁离子污染催化剂，一般采用304H。

再生器约翰逊网与反应器中心管结构相似，其有锥形和直筒两种形式，但其运行条件更加苛刻，位于再生器烧焦区内，烧焦温度高达450~550℃。待生剂的烧焦过程均是在一个径向移动床内进行，已结焦失去活性的催化剂沿再生器轴线自上而下流动通过由内外网形成的环形空间，空气径向一次通过外网、到达催化剂床层进行烧焦，烧焦后气体通过内网与催化剂进行分离。催化剂沿轴向进入内外网形成的环形空间，进入上表面时的温度在200~300℃，随着烧焦过程进行，温度沿轴向自上而下逐步升高，在离内网上表面1500mm，温度达到最高，约550℃。再生气进入催化剂床层的温度在470℃，离开时温度大约在550℃，所以再生器内网直接受到火焰的加热，在沿轴向同一高度的截面上其温度比外网更高，因而再生器的内网不仅受到高温的作用，同时沿轴向还有较大的温度梯度。上部温度梯度较大，下部温度变化平缓，温度梯度较小，大量内网损伤失效也发生在这一范围内。死区催化剂是必须关注的重点，“黑烧”转“白烧”后，死区剂由烧焦区进入氧氯化区时，在510℃高温、20%氧环境下便迅速燃烧，产生高温，有时温度高达1500℃以上，熔化了不锈钢内件、烧结了催化剂本身。

2.1.3.3 隐蔽项目检查方法

采用UOP技术的连续重整再生器隐蔽项目检查方法见表2-4。

表2-4 采用UOP技术的连续重整再生器隐蔽项目检查方法

设备部位	检查内容	检查方法及标准
顶部封头	1.开盖检查	1. 内网起吊前，需检查头盖本体、上部的平台框架等杂物是否清理干净，防止内网起吊过程有杂物掉落（内部清理困难）。起吊后头盖及时用跳板等硬隔离并铺上雨布保护

续表

设备部位	检查内容	检查方法及标准
顶部封头	2.螺栓检验	2.1 螺栓在逐个清洗后，检验其损伤和裂纹情况，重点检验螺纹及过渡部位有无环向裂纹，必要时进行无损检测； 2.2 运行温度在120℃以下建议使用普通的二硫化钼润滑脂；120~220℃之间建议使用加入多种极压添加剂精制而成的二硫化钼润滑脂的高性能产品；220℃以上建议使用高温抗咬合剂
	3.垫片检验	3.1 垫片规格正确，金属环垫应逐件进行外观检查，密封面不得有划痕、磕痕、裂纹和疵点等缺陷； 3.2 金属环垫应逐件进行硬度检查，硬度应低于法兰环槽密封面的硬度
	4.密封面	4.1 法兰检查有无裂纹，密封面不得有划痕、磕痕、裂纹和疵点等缺陷，人孔法兰密封面、直径≥250mm的接管法兰密封面进行渗透检测； 4.2 密封面表面光洁无机械损伤，径向刻痕，严重锈蚀缺陷，法兰孔及法兰清锈吹扫干净； 4.3 金属环垫的法兰连接前，法兰环槽密封面与金属环垫应做接触线检查，当八角垫在密封面上转动45°后，检查接触线不得有间断现象，否则应进行研磨修理； 4.4 螺栓紧固采用定力矩管理
	5.与封头连接的输送短管	封头接管部位易发生氯应力腐蚀产生细小裂纹，接触部位用显像剂或磁粉检查有无裂纹，每周期对再生器进行全面检验时，应扩大对再生器及其附属高温管线的裂纹排查
	6.封头顶部热偶套盒	6.检查线路连接正确，线路无破损，元件无失效等

续表

设备部位	检查内容	检查方法及标准
再生器烧焦区	1.催化剂分配器	1.1 催化剂分配器无破损、变形； 1.2 分配器内清理干净
	2.输送管	2.1 输送管畅通无阻； 2.2 输送管活接头连接可靠，外套筒无破裂
	3.内、外层约翰逊网	3.1 内筒顶盖板上清理干净，无污垢、粉尘； 3.2 内、外约翰逊网应无变形、破洞，各网条无开裂或松动，外网槽宽符合设计要求，一般为：(0.635 ± 0.051) mm，内网槽宽符合设计要求，一般为(0.483 ± 0.051) mm； 3.3 内筒里各加固环无脱落，无明显变形； 3.4 各热偶套管应固定到位，无错位； 3.5.内、外网无堵塞； 3.6 一、二次烧焦气环形通道内无明显催化剂、粉尘和其他杂物； 3.7 内、外筒外表面应平滑，如需进行焊接修补，焊缝处应打磨平滑； 3.8 内、外约翰逊网区修理时封死面积不大于50mm × 50mm； 3.9 所有与催化剂接触的表面均应光滑，无毛刺、尖角； 3.10 内外网之间环形间隙符合设计要求(测4~8点)； 3.11 上、下部盲区长度符合设计要求； 3.12 上部支承圈焊缝无开裂、变形
再生器氧氯化区	1.导流板	1.1 氯化区催化剂导流板无明显变形、破损及减薄； 1.2 导向叶片长度符合要求
	2.内、外筒	2.1 氯化区内、外圆筒之间的定位块无脱焊、脱落，定位块与外筒之间应符合设计间隙； 2.2 氯化区内筒外壁与外筒内壁之间径向间隙符合设计要求

续表

设备部位	检查内容	检查方法及标准
再生器氧氯化区	3.注氯喷嘴	3注氯喷嘴拆装检查，确认畅通完好，无结焦堵塞及腐蚀情况
再生器干燥区	1.内、外筒	1.1 干燥区环形通道应畅通无阻，通气管内应清理干净； 1.2 干燥区下部圆筒与再生器壳体之间的定位块无脱焊、脱落，定位块与外筒之间间隙符合设计要求； 1.3 干燥区内筒外壁与外筒内壁之间径向间隙符合设计要求
再生器冷却区	1.内、外筒	1.1 冷却区环形通道应畅通无阻，通气管内应清理干净； 1.2 冷却区下部圆筒与再生器壳体之间的定位块无脱焊、脱落，定位块与外筒之间间隙符合设计要求； 1.3 冷却区内筒外壁与外筒内壁之间径向间隙之差符合设计要求
	2.底部出口	2.出口无异物堵塞，干净整洁

采用IFP技术的连续重整再生器隐蔽项目检查方法见表2-5。

表 2-5　采用 IFP 技术的连续重整再生器隐蔽项目检查方法

设备部位	检查内容	检查方法及标准
顶部封头	开盖检查	顶部封头打开时，随时防止杂物掉入再生器底部
再生器储存段	储存段料腿、底板、密封盖	检查储存段料腿与底板之间活法兰销钉、填料是否完好，接触是否严密。锥形密封盖与底板连接部位销钉、填料是否完好
再生器烧焦区	烧焦区销钉、填料	检查烧焦区盖板相互连接销钉处是否完好，料腿与底板之间的活法兰销钉、填料是否完好

续表

设备部位	检查内容	检查方法及标准
再生器过渡区	过渡区缝隙	检查过渡区料腿与底板缝隙是否超标
再生器氯化区	约翰逊网	检查氯化区喷嘴约翰逊网是否完好，有无杂物堵塞，缝隙是否符合要求
	注氯喷嘴	注氯喷嘴拆装检查，确认畅通完好，无结焦堵塞及腐蚀情况
再生器干燥区	约翰逊网	检查干燥区进口干燥器约翰逊网是否完好
加强筋	加强筋	检查再生器内、外约翰逊网及外侧加强筋是否发生扭曲、偏斜、破损、断裂等损坏现象
催化剂输送管线	催化剂输送管线	检查催化剂输送管连接部位是否平整光滑、圆滑过渡，是否有凸台、毛刺等情况
	管线测厚	检查管线是否明显减薄，定点测厚
特殊阀门	阀门	检查特殊阀门是否开关自如，是否有卡涩和开关不能到位的情况

注：低压组合床重整再生器、国产超低压重整再生器的检查标准可参考UOP、IFP执行。

2.1.3.4 处理措施及更换周期

（1）再生器开盖注意事项：

①再生系统卸剂结束后，拆底部出口管口，做好防雨措施。

②搭设检修防风防雨棚，共三层，防止雨水进入再生器内。

③拆除再生器顶部出口弯头、头盖，检查并注意保护好法兰

面。拆除仪表接线，做好保护。

④设置好手动葫芦锚点，做好防护措施。

⑤拆再生器本体头盖，检查并注意保护好法兰面，保护好螺栓、碟簧。

⑥起吊再生器头盖及内网，吊装过程中要求缓慢平稳进行，防止内网碰撞，内网吊起后用麻绳将底部对称固定，防止晃动。

（2）再生器法兰拆装纳入关键法兰管理，进行全过程监管，包括垫片、紧固件的选用、密封面的检查、力矩值的计算、紧固工具的确认、紧固过程的监管和力矩值的复核等环节，应按照“中国石化钢制法兰密封完整性管理要求”执行。

螺栓无损检测，M50以上（包括M50）进行超声抽测，M36（包括M36）以下进行着色抽测，均按JB 4730的Ⅰ级为合格，运行周期达到2个及以上应按照不低于20%的比例抽查。螺栓应逐个清洗，运行温度在120℃以下建议使用普通的二硫化钼润滑脂；120~220℃之间建议使用加入多种极压添加剂精制而成的二硫化钼润滑脂的高性能产品；220℃以上建议使用高温抗咬合剂，设计和工艺另有要求的场合除外。

（3）催化剂输送管应检查是否清理疏通。

（4）密封面若损坏，一般不建议手工研磨，需制订相关修复方案，密封面应采用定扭矩管理。

（5）催化剂分配器采用补焊或整体更换处理。

（6）约翰逊网使用补焊修复，开裂较大无法补焊时考虑更换约翰逊网，补焊脱落的加固环，用铜刷进行人工清理，留在再生器内的微粒用真空泵吸出或用干冰喷射法将干冰以小球状喷向金属网，使附着物脆化，因温度的剧变使附着物从金属网上脱落。约翰逊网的使用周期一般不超过2个运行周期，再生器顶部床层温度热偶测点及向下2个热偶测点间（内约翰逊网网格顶部100mm范围内）温差控制过大，超过150℃，宜2~3个周期考虑更换约翰逊网。

（7）封头接管部位易发生氯应力腐蚀产生细小裂纹，接触部位用显像剂或磁粉检查有无裂纹，每周期对再生器进行全面检验时，应扩大对再生器及其附属高温管线的裂纹排查。与上封头连接的输送管附近如裂纹深度较大，需制订专项修复方案。

（8）再生器底部出口处需清理异物，对再生器进行检查时，防止异物落入再生器底部。

（9）注氯喷嘴拆装检查，确认畅通完好，无结焦堵塞及腐蚀情况。

（10）不能满足工艺生产需求的加强筋，应按原设计文件要求考虑调整、修补或更换，如设计壳体焊接时，必须安排焊接前的消氢处理。

（11）特殊阀门应每种有3~4只备用，按SHS 01030《阀门维护检修规程》执行。催化剂采样用V阀每周期下线检查。对低温部位放空阀下线检查。

（12）回装注意事项：

①内外网及器内清理确认。

②从下至上对冷却段、干燥段入口锥帽进行确认回装，并按设计要求测量间隙正常。

③回装内网过程中，为保证内、外网的同心度，需进入氯化段入口进行确认，并按设计要求测量内网与导向叶片之间横向距离及内网底部与导向叶片之间垂直距离，满足要求后缓慢落盖。

④再生器头盖回装，螺栓涂刷防高温咬合剂，法兰参照“中国石化钢制法兰密封完整性管理要求”执行。

2.2 重整加热炉

催化重整装置中的油品蒸馏和重整反应器所需要的热量由加热炉提供，因此在装置中常常可以见到庞大的炉群，原料预处理部分和重整反应部分一般有7~8台加热炉。

催化重整装置中的管式炉是直接见火的加热设备。燃料在管式炉的辐射室内燃烧，释放出的热量通过辐射传热和对流传热传递给炉管，再经过传导传热和对流传热传递给管内的被加热介质。管式炉的盘管要承受高温、压力和介质腐蚀，而且介质是易燃、易爆的油和氢气。与本装置中其他设备完全不同的是管式炉内的热传递是通过炉管管壁进行的。由于需要足够的传热温差，加上内膜热阻、焦垢层热阻、管壁金属热阻和各种受热不均匀性的作用，管壁金属温度一般要比管内介质高几十到一百多摄氏度。但管式炉中的盘管直接见火，任何泄漏都可能造成爆炸或火灾。

重整装置的加热炉按用途可分为三类：预加氢进料加热炉、各种塔底重沸炉、重整反应进料加热炉。重整加热炉主要有两种形式：立式圆筒炉、箱式加热炉。

2.2.1 结构简图

立式圆筒炉结构简图见图2-6，箱式加热炉简图见图2-7。

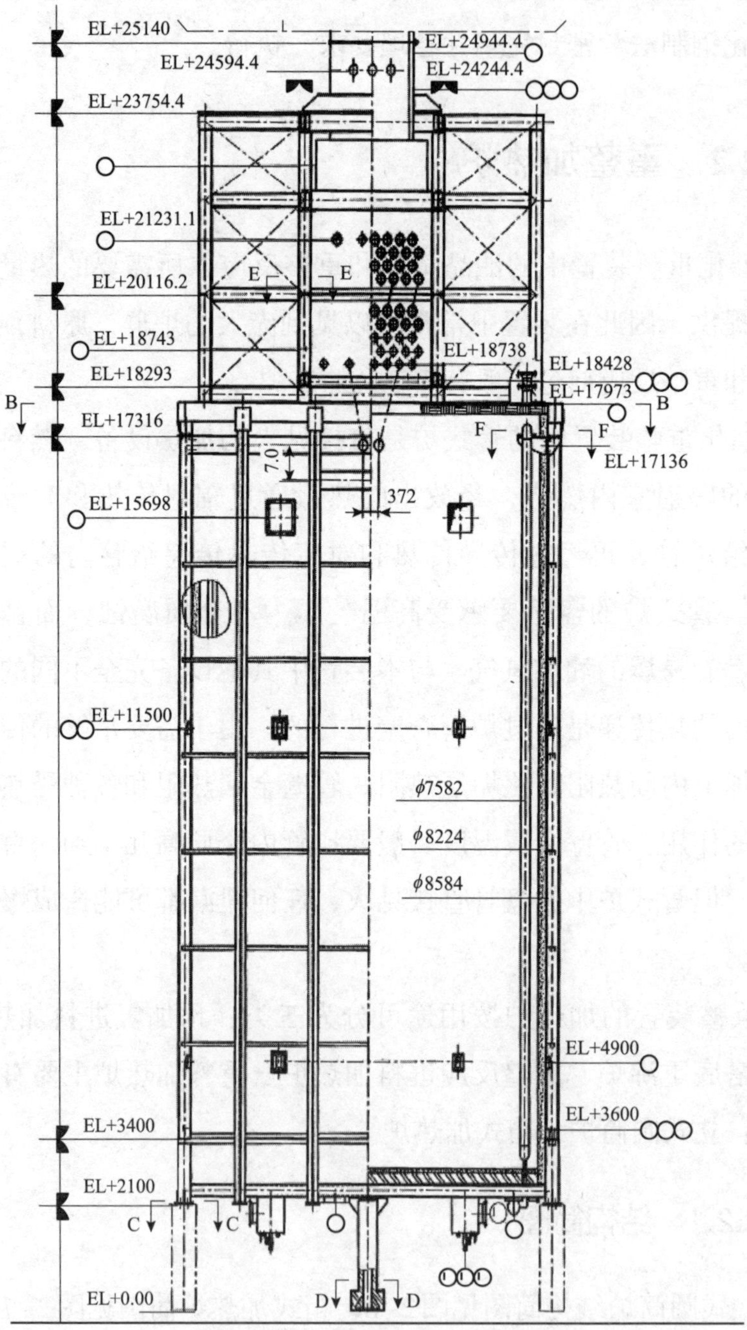

图 2–6　立式圆筒炉结构简图

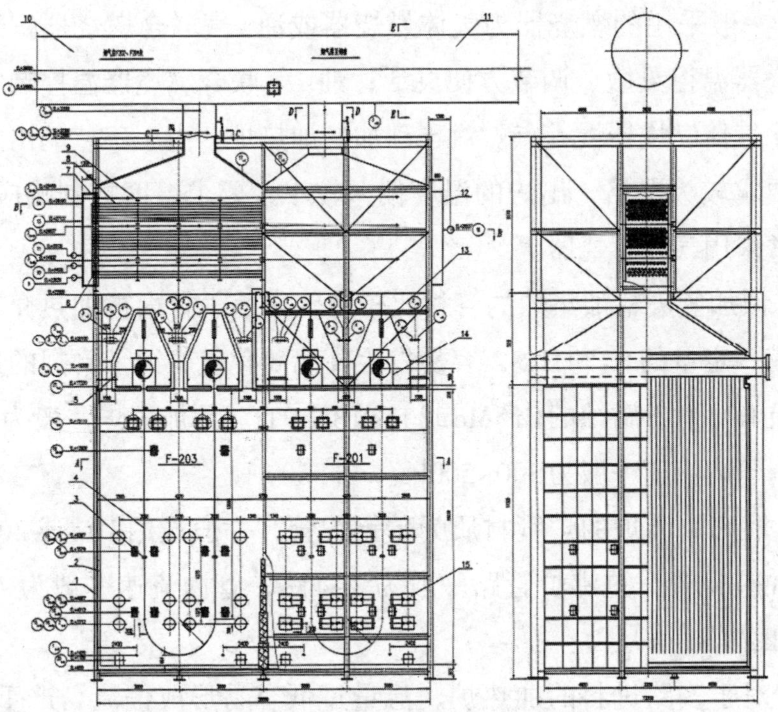

图 2-7　箱式加热炉简图

2.2.2　结构特点及失效形式

2.2.2.1　预加氢进料加热炉和塔底重沸炉（立式圆筒炉）

预加氢进料加热炉和塔底重沸炉一般采用炼油厂常用的对流-辐射型圆筒炉。加热炉的对流段炉管为水平管，由于靠近加热炉的辐射段，受到炉膛火焰和高温烟气的强烈辐射，为避免局部过热，一般对流段的下部三排管为光管，其他各段均为高效传热的翅片管或钉头管。

加热炉的辐射段炉管为垂直的立管靠墙布置，直接接受火焰和炉墙的高温辐射。工艺介质先经加热炉的对流段预热，然后经转油线进入辐射段加热到工艺所要求的温度。

一般采用的燃烧器为气体燃烧器或油－气联合燃烧器。气体燃烧器温控灵敏、调节方便灵活；油－气联合燃烧器温控响应速度比气体燃烧器慢一点。对于预加氢加热炉，由于工艺的出炉温度要求较为严格，出炉的温度偏差较小，要求温度控制响应快，常常采用气体燃烧器。

预加氢进料加热炉的管材比较特殊，由于管内被加热介质中含有一定量的H_2和H_2S，容易发生高温硫化氢腐蚀。常规的选材为抗H^+、H_2S腐蚀的Cr5Mo或1Cr18Ni9Ti。预加氢炉一般为2~4路，管内流速一般为300~500kg/（m^2·s）。

塔底重沸炉的炉管材质为碳钢炉管，一般选用10#或20#钢石油裂化管。重沸炉管路一般为2~4路，管内流速一般为730~980kg/（m^2·s）。

对于多路进料的加热炉，流量过低容易形成偏流，严重时，炉管局部过热，造成炉管破裂或事故。因此在操作上必须重视各路流量的调节和控制。空气预热器低温部位易发生烟气露点腐蚀。

2.2.2.2 重整四合一炉（箱式加热炉）

重整反应部分的加热炉与重整反应器是一一对应的，有几台反应器就有几台加热炉，一般为3~4台。对于规模较小的重整装置，重整反应加热炉一般采用结构比较简单的圆筒炉；对大型重整装置则采用炉管压降较小、辐射室联合在一起的箱式加热炉。重整反应加热炉是炉群中的核心，资料统计，其投资占加热炉炉群总投资的60%左右。

在早期的重整装置中重整反应加热炉通常采用纯辐射型立式圆筒炉。这种炉型一般用于处理量较小的150~300kt/a的半再生重整装置，炉内管线呈立管多路并联，辐射室顶部设计两圈大口径集合管，炉内出入口管线与该环形集合管连接。燃烧器布置在炉底。

重整炉辐射段炉管材质一般选用P9（ASTM A335/A335M），易发生炉管高温氢腐蚀。集合管端盖易发生催化剂涡流冲蚀。空气预热器低温部位易发生烟气露点腐蚀。

2.2.3 隐蔽项目检查方法

2.2.3.1 圆筒炉的检查及处理

圆筒炉隐蔽项目检查方法见表2–6。

表 2–6 圆筒炉隐蔽项目检查方法

设备部位	检查项目	检查方法及标准
外部	检查漏风情况	1.1 检查炉出入口管线、支吊架与炉体连接部位密封情况； 1.2 检查弯头箱门密封情况
炉管	1.外观检查	1.炉管外观检查无弯曲变形、鼓包、氧化爆皮、裂纹、腐蚀、冲蚀等
	2.炉管检测	2.1 测厚重点检查部位如下：辐射段和对流段炉管应做全面测厚检查，每根炉管至少选三处，位置为弯头及两侧直管段，每处应有3个测厚点；具备高处检测条件的，抽取至少30%的炉管，在火焰高度附近温度高的区域至少选取3个位置进行超声波测厚；不具备高处检测条件的，至少抽取2~3根进行厚度检测。 注：运行时间超过10年壁厚小于6mm、运行时间超过15年壁厚小于8mm、材质为碳钢炉管，除了对弯头进行测厚外，可以考虑解剖一个弯头，对内部进行检查；

续表

设备部位	检查项目	检查方法及标准
炉管	2.炉管检测	2.2 蠕变检查：炉管蠕胀抽查5%~10%，重点检查炉底辐射管，外径增大超过5%需进行更换； 2.3 无损检测，重点检查及抽检部位如下：①运行时间超过10年，加热炉辐射段炉管：抽1~2个部位金相，并进行不少于10个部位的硬度检查，其中炉管迎火面最高温度部位必须检查1处，有过烧部位或火焰舔烧部位要另外检查。②炉管运行时间超过15年的建议10%的焊缝且不少于20道焊缝进行无损检测，同时抽2~3个部位金相以及不少于20个部位的硬度检验；金相硬度测量位置在火焰高度2/3的迎火面，并结合红外检测结果，尽可能各路抽取，优先抽取有焊缝部位。根据检验情况，考虑截取一段壁温高部位的直管进行力学性能试验。③临氢介质的加热炉，炉管表面运行温度在450℃以上，运行时间超过4年的辐射段炉管：20%且不少于10道焊缝进行无损检测（检测方式可采用射线、超声、磁粉、渗透等），根据需要可以在高温部位抽做2个部位金相以及不少于10个部位硬度检验，所取位置可参考红外检测结果，同时建议每路直管抽取一根进行外径尺寸测量。④有过燃烧状况差，舔烧炉管频繁的加热炉，以前检验发现问题的加热炉，抽查5个部位金相以及硬度检测。检测位置在火焰高度2/3的迎火面、火焰经常舔烧部位，检验位置的确定依据红外检测结果，尽可能各路抽取，优先抽取有焊缝部位。以前检验发现问题的加热炉，应进行相应的复测，并与以前检验结果进行对比
	3.炉管内外表面检查	3.炉管内部无结焦及管外积灰、结垢
	4.吊挂及导向管检查	4.吊挂无变形、断裂及卡死现象，导向管焊缝无异常、自由膨胀良好

续表

设备部位	检查项目	检查方法及标准
炉进出口转油线	炉进出口转油线	1.1 变力弹簧支吊架检查要点：①支吊架锁定装置是否拆除；②支吊架锈蚀是否严重；③支吊架是否超载，根部辅梁是否变形，管部是否变形，支吊架内弹簧是否压并；④支吊架是否脱载：吊杆是否松弛不受力；支架弹簧是否松弛到最大状态，且荷重柱不受力；⑤吊杆倾角是否超过4°；⑥并联弹簧支吊架是否偏载或单边失载；⑦锁紧螺母是否锁紧； 1.2 压力管道管理应满足国家法律法规要求，企业应组织专业人员审查压力容器和压力管道检验方案，科学选择检验部位，近两个检验周期焊缝检测重复率一般不超过30%，A级设备3~4个检验周期焊缝检测覆盖率宜达到50%以上，腐蚀高风险部位、本运行周期腐蚀泄漏或检测减薄部位可适当增加检测比例
衬里	1. 炉外壁、炉底（停工前测温数据作为衬里检修的依据）	1.热成像及测温仪检查炉外壁温度，按照SH/T 3036《一般炼油装置用火焰加热炉》的规定，在换算至零风速、环境温度27℃的情况下，辐射段、对流段和热烟风管道外表面温度≤70℃，辐射段底部表面温度≤90℃
	2. 衬里检查	2.1 对于浇注料衬里，衬里表面应平整、无裂缝，发现有松动、开裂、粉化、鼓包等现象时，应按照SH/T 3115的规定进行修复； 2.2 对于陶瓷纤维衬里，衬里表面应平整、紧实、严密，发现有损坏、开裂、粉化和明显缝隙等现象时，应按照SH/T 3128的规定进行修复； 2.3 检查辐射室砖墙、炉底耐火砖有无开裂、破损、松动、脱落等现象； 2.4 在加热炉停工前发现壁板超温，同样按照标准规定的修复方法进行检修。对于运行10年及以上的衬里部位，截取局部部位进行抽查，对锚固钉、端板、钢丝网、炉内壁壁板进行检查，无氧化、变形、腐蚀情况

续表

设备部位	检查项目	检查方法及标准
衬里	3.衬里损坏部位内部检查（包括辐射室顶漏水检查）	3.衬里损坏部位，对锚固钉、端板、钢丝网、炉内壁壁板进行检查，无氧化、变形、腐蚀情况。宜选取衬里接缝部位，辐射室顶部陶瓷纤维模块进行检查
燃烧器	1.检查燃烧器主火嘴、长明灯状况	1.主火嘴、长明灯无结焦、堵塞和烧损
	2.检查筒体	2.筒体无变形
	3.检查调风门	3.调风门开关顺畅，无卡死
	4.检查火盆砖	4.火盆砖无破损、开裂、鼓包和脱落
空气预热器	1.检查热管式空气预热器热管（停工前炉空气预热器是否漏风、换热效率是否下降作为检修的判断依据之一）	1.根据热管换热效果或两个运行周期对热管抽装维修，确保热管无腐蚀穿孔、换热管表面无积灰、换热管与管板密封面完好
	2.检查板式空气预热器板束（停工前炉空气预热器是否漏风、换热效率是否下降作为检修的判断依据之一）	2.目测板束密封垫良好，板束有无开裂或腐蚀穿孔（重点检查低温部位），表面无积灰
吹灰器	1.检查吹灰器各部件	1.吹灰器各部件固定结实可靠
	2.检查各端子与电线、电缆连接	2.各端子与电线、电缆连接可靠、无脱落
	3.检查各种插头	3.各种插头接驳完好

续表

设备部位	检查项目	检查方法及标准
吹灰器	4.检查各种电线、电缆的外层绝缘胶皮	4.各种电线、电缆的外层绝缘胶皮完好，无焦煳、破损等现象
	5.检查各电气元件	5.各电气元件无焦煳、直观破损等现象
烟风道挡板/闸板	检查烟道挡板	1.1 各部位挡板无腐蚀、变形、开裂、卡涩等情况；调节挡板进行0、25%、50%、75%、100%挡位调节，现场对挡板蝶阀打开关闭情况进行确认；密封挡板进行全开全关调节，检查动作执行时间； 1.2 单轴或多轴挡板每个轴承都要检查，上油，试验开关（灵活不卡涩）； 1.3 必要时拆下检修挡板
炉用仪表	检查炉用仪表：氧化锆、热电偶、负压表、环保监测仪表等	1.1 炉用仪表及仪表套管无损坏； 1.2 炉用氧化锆、热电偶、负压表、环保监测仪表检查、清扫、校核
人孔门、看火孔和防爆门	检查漏风及开关情况	检查有无明显漏风、变形、卡涩现象，门类与内衬连接处密封良好
烟囱	烟囱内外部检查	烟囱高空检测检修：航标灯、避雷系统检查修理；平台、栏杆、直梯检查修理，除锈防腐；烟囱外壁翘皮、鼓包部位检查清理，露筋处除锈防腐，混凝土修补砂浆修复；顶部外壁红白相间的色环刷涂；烟囱内外壁视检查情况刷涂混凝土保护剂；烟囱底部视腐蚀情况检查修理；烟道与烟囱连接部位漏风处检查治理

四合一炉隐蔽项目检查方法见表2–7。

表 2–7 四合一炉隐蔽项目检查方法

设备部位	检查内容	检查方法及标准
炉管	1.外观检查	1.炉管外观检查有无弯曲变形、鼓包、氧化爆皮、裂纹、腐蚀、冲蚀等；有无可见的损伤及裂纹、坑疤

续表

设备部位	检查内容	检查方法及标准
炉管	2.炉管检测	2.1 测厚重点检查部位如下：辐射段和对流段炉管应做全面测厚检查，每根炉管至少选3处，位置为弯头及两侧直管段，每处应有3个测厚点；具备高处检测条件的，抽取至少30%的炉管，在火焰高度附近温度高的区域至少选取3个位置进行超声波测厚；不具备高处检测条件的，至少抽取2~3根进行厚度检测。 注：运行时间超过10年壁厚小于6mm、运行时间超过15年壁厚小于8mm，除了对弯头进行测厚外，可以考虑解剖一个弯头，对内部进行检查； 2.2 蠕变检查：炉管蠕胀抽查5%~10%，重点检查炉底辐射管，外径增大超过5%需进行更换； 2.3 无损检测，重点检查及抽检部位如下：①运行时间超过10年，加热炉辐射段炉管：抽1~2个部位金相，并进行不少于10个部位的硬度检查，其中炉管迎火面最高温度部位必须检查1处，有过烧部位或火焰舔烧部位要另外检查。②炉管运行时间超过15年的建议10%的焊缝且不少于20道焊缝进行无损检测，同时抽2~3个部位进行金相以及不少于20个部位的硬度检验；金相硬度测量位置在火焰高度2/3的迎火面，并结合红外检测结果，尽可能各路抽取，优先抽取有焊缝部位。根据检验情况，考虑截取一段壁温高部位的直管进行力学性能试验。③运行时间超过4年的辐射段炉管：20%且不少于10道焊缝进行无损检测（检测方式可采用射线、超声、磁粉、渗透等），根据需要可以在高温部位抽做2个部位金相以及不少于10个部位硬度检验，所取位置可参考红外检测结果，同时建议每路直管抽取一根进行外径尺寸测量。④有过燃烧状况差，舔烧炉管频繁的加热炉，以前检验发现问题的加热炉，抽查5个部位进行金相以及硬度检测。检测位置在火焰高度2/3的迎火面、火焰经常舔烧部位，检验位置的确定依据红外检测结果，尽可能各路抽取，优先抽取有焊缝部位。以前检验发现问题的加热炉，应进行相应的复测，并与以前检验结果进行对比

续表

设备部位	检查内容	检查方法及标准
炉管	3.炉管通球试验	3.根据炉管运行情况进行通球试验，检查其内部是否有异物堵塞的情况
	4.对流室炉管外表面检查	4.对流室炉管无积灰、结垢
	5. U形炉管中间固定管卡检查	5.检查炉管中间固定管卡有无脱落情况
	6.吊挂及导向管检查	6.吊挂无变形、断裂及卡死现象，导向管焊缝无异常、自由膨胀良好
炉转油线	炉进出口转油线	1.1 炉进出口管线弹簧支吊架检查，恒力弹簧支吊架检查要点：①支吊架锁定装置是否拆除；②支吊架锈蚀是否严重；③支吊架是否超载：根部辅梁是否变形，焊缝是否开裂；管部是否变形；恒力支吊架受力件是否变形，载荷指示器是否到头；④支吊架是否失载；吊杆是否松弛不受力；恒力支吊架载荷指示器是否回到顶；⑤吊架倾角是否超过4°；⑥并联恒力支吊架是否偏载或单边失载；⑦恒力支吊架转动部件是否卡阻；⑧锁紧螺母是否锁紧； 1.2 压力管道管理应满足国家法律法规要求，企业应组织专业人员审查压力容器和压力管道检验方案，科学选择检验部位，近两个检验周期焊缝检测重复率一般不超过30%，A级设备3~4个检验周期焊缝检测覆盖率宜达到50%以上，腐蚀高风险部位、本运行周期腐蚀泄漏或检测减薄部位可适当增加检测比例
集合管	集合管内部拆除检查	1.1 检查集合管端盖盖板、防涡板冲蚀情况； 1.2 端盖法兰面按照关键法兰管理，检查标准同反应器关键法兰检查要求； 1.3 检查集合管内部大小头、分支管部位冲蚀情况； 1.4 集合管内部检查清扫，检查结焦情况
衬里	同圆筒炉	同圆筒炉

续表

设备部位	检查内容	检查方法及标准
燃烧器	同圆筒炉	同圆筒炉
空气预热器	同圆筒炉	同圆筒炉
吹灰器	同圆筒炉	同圆筒炉
烟道挡板	同圆筒炉	同圆筒炉
外部检查	同圆筒炉	同圆筒炉
人孔门、看火孔和防爆门	同圆筒炉	同圆筒炉
炉用仪表	同圆筒炉	同圆筒炉

2.2.4 处理措施及更换周期

2.2.4.1 炉管

出现炉管弯曲变形、火焰舔管、腐蚀、冲蚀、爆皮等现象，应重点进行测厚、材料分析及其他无损检测方式，以确定炉管是否可以继续使用。射线、超声检测等发现的焊缝超标缺陷，根据检测结果，进行返修并检测合格。出现下列情况应考虑更换：

（1）鼓包、裂纹。

（2）炉管由于严重腐蚀、爆皮，管壁厚度小于计算允许值，计算标准参照SH/T 3037《炼油厂加热炉炉管壁厚计算方法》；关于炉管减薄，通过对炉管定期测厚可以确定炉管厚度是缓慢均匀减薄，还是突然加速减薄。对于缓慢均匀减薄，可估算出年减薄率，扣除这个减薄量即可对管子进行强度估算和决定判废与否。对于突然加速减薄，在找不到发生的原因和采取有效预防性措施时，可予以判废并更换。

（3）外径比原来外径增大5%。

（4）金相组织有晶界氧化、严重球化、脱碳及晶界裂纹等缺陷。

注：新、旧炉管之间焊接，应制订专项技术方案并会签。对流室翅片管或钉头管表面积灰、积垢，根据检查情况进行清扫或化学清洗：清除灰垢后，外观检查炉管表面，应基本无积灰、结垢现象。

2.2.4.2 炉衬

对于炉体外壁温度经红外监测分析，在环境温度27℃、无风条件下超过70℃（炉底90℃）的应安排炉衬更换。停炉后宏观检查各部位炉衬情况，若有开裂、脱落、粉化等情况进行修补或更换，对于不定型炉衬结构使用寿命在两个周期（一个周期按3年或4年计算）以上的，若计划不安排更换，则在停炉时应安排局部开挖，检查衬里、锚固钉、壁板等情况。耐火砖、衬里损坏部分按SH/T 3534《石油化工筑炉工程施工质量验收规范》进行更换或修补，弯头箱门填充耐火陶瓷纤维毯，防爆门宜采用层铺陶瓷纤维毯填塞或采用新型隔热模块结构。看火门和防爆门安装位置的偏差应小于8mm，且各自与门盖均应接触严密、转动灵活。

2.2.4.3 燃烧器

燃烧器喷头清理，出现孔径变化、变形等缺陷，进行更换。阀门内漏或开关不灵进行更换或维修。火盆砖视损坏情况，进行局部修补或更换。

2.2.4.4 烟、风道及余热回收系统

烟风道挡板及其执行机构若出现卡涩、抱轴、阀板松动或变

形严重、定位不准的进行检修、更换；挡板轴两端轴套中心轴线的同轴度误差应不大于ϕ0.5mm；挡板轴之间的平行度误差应不大于0.8mm，各挡板轴的位置就在同一高度上，其相互之间的高度误差应不大于0.8mm；挡板应作整体调试，开关应灵活，开关位置应与指示器、DCS显示一致。清理烟道内杂物。

余热回收系统热管式空预器管束建议每两个运行周期进行工质更换；板式空预器管束每个运行周期进行检查清洗，存在烟气露点腐蚀环境的（排烟温度<105℃）低温段，视漏风情况三个运行周期宜进行更换。表面积灰、积垢根据检查情况进行清扫或化学清洗。

人孔门、防爆门、快开风门及炉管进、出口以及烟风道等处的密封有问题予以换垫、紧固等处理。

2.2.4.5 四合一炉集合管

检查集合管端盖、防涡板及大小头的冲蚀情况，视检查情况进行更换或修复。检查集合管端盖法兰面密封情况，法兰参照“中国石化钢制法兰密封完整性管理要求”执行。

2.3 塔器

2.3.1 板式塔

2.3.1.1 结构简图

板式塔结构简图见图2-8。

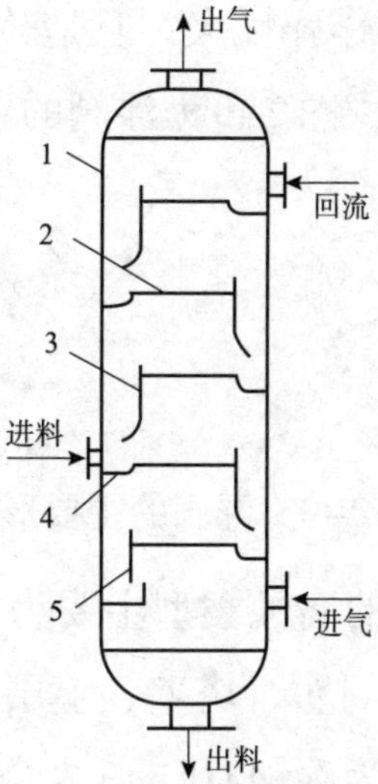

图 2–8　板式塔结构简图

1—塔壳体；2—塔板；3—溢流堰；4—受液盘；5—降液管

2.3.1.2　结构特点和失效机理

连续重整装置汽提塔、分馏塔、苯抽提系统各塔均为板式塔（浮阀塔）。浮阀形式主要为矩形导向浮阀和梯形导向浮阀、圆形浮阀。板式塔为逐级接触式气液传质设备，它主要由圆柱形壳体、塔板、溢流堰、降液管及受液盘等部件构成。操作时，塔内液体依靠重力作用，由上层塔板的降液管流到下层塔板的受液盘，然后横向流过塔板，从另一侧的降液管流至下一层塔板。溢流堰的作用是使塔板上保持一定厚度的液层。气体则在压力差的推动下，自下而上穿过各层塔板的气体通道，分散成小股气流，鼓泡通过各层塔板的液层。在塔板上，气液两相密切接触，进行热量和质量的交换。在板式塔中，气液两相逐级接触，两相的组成沿塔高呈阶梯式变化，在正常操作下，液相为连续相，气相为分散相。一般而论，板式塔的空塔速度较高，因而生产能力较大，塔板效率稳定，操作弹性大，且造价低，检修、清洗方便，故工业上应用较为广泛，图2-9为浮阀的主要形式。

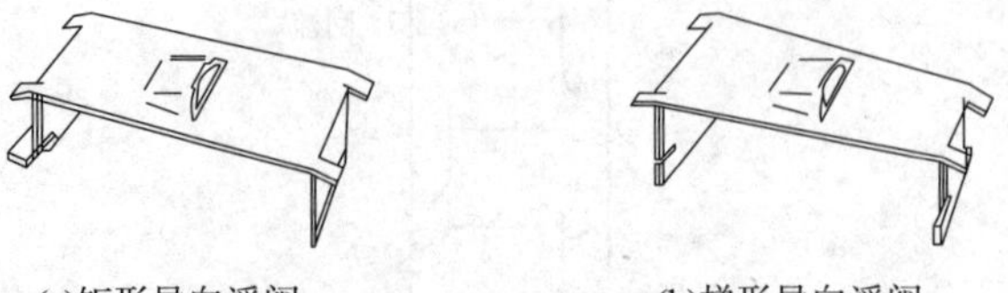

(a)矩形导向浮阀　　(b)梯形导向浮阀

图 2-9　浮阀的主要形式

预加氢汽提塔存在的腐蚀类型主要为：$NH_3+HCl+H_2S+H_2O$，易腐蚀部位主要为塔顶封头、塔壁、上层塔盘及塔顶冷凝冷却系统，通常其筒体材料多为碳钢+0Cr13复合钢板，塔内件的材料多为不锈钢；脱戊烷塔重点检查塔顶及塔顶管线结盐、腐蚀情况；二甲苯塔重点检查塔底封头厚度；苯抽提塔重点检查塔底隔板变形及腐蚀情况。

对碳钢构件来说，腐蚀形态多为均匀腐蚀减薄，对0Cr13（0Cr13Al）为点蚀，对18-8奥氏体不锈钢来说，主要为应力腐蚀开裂。

2.3.1.3　板式塔隐蔽项目检查方法

板式塔隐蔽项目检查方法见表2-8。

表 2-8　板式塔隐蔽项目检查方法

设备部位	检查内容	检查方法及标准
筒体	1.外观检查	1.壳体外部检查无变形，内部检查是否存在鼓包、开裂、松动
	2.焊缝检查	2.焊缝完整无开裂，压力容器定期检验中评定达到3级以上
	3.引压点检查	3.引压管畅通完好

续表

设备部位	检查内容	检查方法及标准
筒体	4.塔内各支承焊接部位开裂、错位、磨损情况	4.塔内各支承部件不允许开裂、错位、磨损，限位卡件固定螺母需双螺母锁紧或点焊
	5.钝化层检查（预加氢汽提塔）	5.停工期间对汽提塔进行钝化，用扁铲、除锈锤检查塔内器壁钝化层及腐蚀情况，将钝化层及锈渣清理干净
	6.复合层检查（预加氢汽提塔）	6.汽提塔顶封头及塔顶筒体不锈钢复合层外观检查有无开裂、破损、鼓包
	7.塔底封头检查（二甲苯塔）	7.塔底封头多点测厚，厚度较上一运行周期无明显减薄
	8.塔底隔板检查（苯抽提区域的板式塔）	8.苯抽提两塔塔底隔板外观无变形，焊缝无开裂，隔板无穿孔
附件	1.检查塔区消防线、放空线等安全设施	1.塔区消防线、放空线等安全设施齐全畅通，照明设施齐全完好，防雷接地完好
	2.检查梯子、平台、栏杆	2.梯子、平台、栏杆完整、牢固，保温、油漆完整美观
	3.检查安全阀和各种指示仪表	3.安全阀和各种指示仪表应有校验记录；压力表、温度计、液位计表面应用红线标出上、下限，附属阀门灵活好用
	4.检查与塔相连管线阀门	4.与塔相连管线阀门灵活好用，法兰螺栓、垫片齐全且紧固，管线焊缝（特别是转油线入塔壁的焊缝）着色检查无明显缺陷
	5.检查塔顶及塔顶管线结盐、腐蚀情况（脱戊烷塔顶）	5.检查塔顶及塔顶管线是否结盐及腐蚀，结盐清洗干净，腐蚀鉴定符合压力容器及压力管道要求

续表

设备部位	检查内容	检查方法及标准
塔内件	1.检查塔内污垢情况和塔板各部件的污垢、堵塞情况，着重检查塔内污垢、锈渣、停工钝化层的堵塞情况	1.塔内污垢和塔板各部件污垢应清理干净，浮阀活动应灵活无卡涩，汽提塔内钝化层清理铲除干净
	2.检查塔内各构件表面、各出入口、降液管	2.塔内各构件表面清洁无杂物；各出入口、降液管、泪孔等无堵塞
	3.检查塔内构件和塔盘是否松动	3.塔内构件和塔盘等必须坚固牢靠。敲击过程无松动现象
	4.塔盘和塔内构件的厚度	4.用测厚仪测量塔盘和塔内构件的厚度，其剩余厚度应保证至少能使用到下个检修周期
	5.检查浮阀开启情况	5.浮阀应开启灵活开度一致，无卡涩和脱落；塔盘上阀孔直径冲蚀后，其孔径增大值不大于2mm
	6.支承圈	6.支承圈上表面应平整，（用水平仪测量）整个支承圈水平度允差为6mm；相邻两层支承圈的间距尺寸偏差为±3mm，任意两层支承圈间距尺寸偏差在20层内为±10mm
	7.支承梁	7.支承梁上表面应平直，其直线度公差为1‰L（L为支承梁长度），且不大于5mm；支承梁上表面应与支承圈上表面在同一水平面上，（用水平仪测量）水平度允差为3mm
	8.受液盘、降液管和溢流堰	8.1 受液盘上表面应平整，（用水平仪测量）整个受液盘上表面的水平度允差为（塔器公称直径2000/3000mm）3mm； 8.2（用直尺测量）降液管底端与受液盘的垂直距离K（mm）的允差为±3mm，降液管与受液盘之间的水平距离B的允差为-3~+5mm； 8.3 固定在降液管上的塔盘支承件，其上表面与支持圈上表面应在同一水平面上（用水平仪测量），允许偏差在-0.5~+1mm

续表

<table>
<tr><th>设备部位</th><th>检查内容</th><th>检查方法及标准</th></tr>
<tr><td rowspan="3">塔内件</td><td>9.塔盘板</td><td>9.塔盘板应平整，（用水平仪测量）整个塔盘板的水平度允差值为3mm；塔盘面水平度在整个面上的公差值为12mm
塔盘板水平度公差值表（mm）<table>
<tr><th rowspan="2">塔盘板长度L</th><th>水平度允差</th></tr>
<tr><th>板式塔盘</th></tr>
<tr><td>≤1000</td><td>2</td></tr>
<tr><td>>1000~1500</td><td>2.5</td></tr>
<tr><td>>1500</td><td>3</td></tr>
</table></td></tr>
<tr><td>10.塔顶部位注剂系统检查（预加氢汽提塔）</td><td>10.注剂管线要进行测厚检查，特别是弯头部位，塔顶注剂头部位要拆开法兰，拔出注剂头进行检查，必要时更换注剂头以及管线上的阀门</td></tr>
<tr><td>11.防冲板、防涡板检查</td><td>11.防冲板、防涡板应无明显腐蚀和变形</td></tr>
</table>

2.3.1.4 处理措施及更换周期

（1）筒体鼓包、变形部位应挖补更换，焊缝缺陷应打磨清理干净后修复。

（2）堵塞无法疏通的引压管、腐蚀严重或存在其他缺陷的引压管应更换。

（3）塔内支承部件存在变形或损坏的应更换、修复。

（4）其中预加氢汽提塔塔顶不锈钢复合层存在裂纹、腐蚀等缺陷的，打磨清理干净后堆焊修复，塔内壁钝化层及锈皮应清理干净，塔顶注剂头每个检修周期检查；脱戊烷塔塔顶结盐冲洗干净；苯抽提区域板式塔塔底隔板变形、腐蚀严重应修复，焊缝开裂部位补焊，穿孔位置贴板焊接；二甲苯塔塔底封头多点测厚，减薄位置堆焊补强。

（5）塔盘清理干净，紧固松动的紧固件，更换损坏的塔盘、浮阀。

（6）塔内防冲板、防涡板变形、腐蚀严重时进行更换。

2.3.2 填料塔

2.3.2.1 结构简图

填料塔结构简图见图2-10。

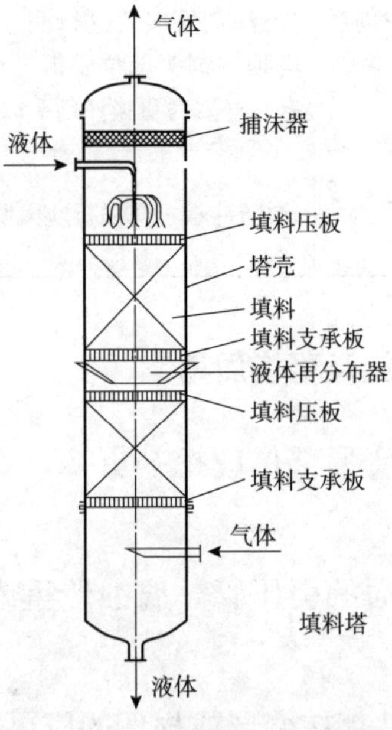

图 2-10 填料塔结构简图

2.3.2.2 结构特点和失效机理

再生尾气脱氯系统的碱洗塔为填料塔，一般采用散堆填料。填料塔由壳体及内件组成，内件主要有填料支承装置、填料压紧装置、液体分布装置、液体收集再分布装置、气体进料及分布装置、除沫装置等。填料塔是以塔内的填料作为气液两相间接触构件的传质设备。填料塔的塔身是一直立式圆筒，底部装有填料支承板，填料以乱堆的方式放置在支承板上。填料的上方安装填料压板，以防被上升气流吹动。液体从塔顶经液体分布器喷淋到填料上，并沿填料表面流下。气体从塔底送入，经气体分布装置分布后，与液体呈逆流连续通过填料层的空隙，在填料表面上，气液两相密切接触进行传质。填料塔属于连续接触式气液传质设备，两相组成沿塔高连续变化，在正常操作状态下，气相为连续相，液相为分散相。

2.3.2.3 填料塔（碱洗塔）隐蔽项目检查方法

填料塔隐蔽项目检查方法见表2-9。

表2-9 填料塔隐蔽项目检查方法

设备部位	检查内容	检查方法及标准
分布器、填料支承、填料、丝网除沫器、防冲板、防涡板	1.清理分布器内的污垢，检查分布器的水平度	1.清理污垢，确保每一个排液孔畅通无阻，利用水平仪检查分布器的水平度，保证分布器水平布置，安装水平度允差为2mm
	2.检查水平支承梁或支承圈的水平度	2.利用水平仪检查水平支承梁或支承圈的水平度，支承梁上表面应平直，其直线度公差为1‰L（L为支承梁长度），且不大于5mm；支承梁上表面应与支承圈上表面在同一水平面上（用水平仪测量），水平度允差为8mm
	3.检查各分布器与支承梁或支承圈的连接紧固情况	3.利用尖头锤检查螺母的松动情况，必要时可以拆卸一套，检查螺母与螺栓的配合情况，如果松动严重，考虑更换部分紧固件和垫片

续表

设备部位	检查内容	检查方法及标准
分布器、填料支承、填料、丝网除沫器、防冲板、防涡板	4.检查丝网除沫器	4.丝网除沫器应干净平整，无明显腐蚀和破损
	5.检查填料情况	5.观察填料布置的情况，有无塌陷、破损。如果进行填料更换，要求对更换填料段塔内壁进行检查，塔内壁应磨平，焊疤、焊渣应清除干净，其凸起高度应小于3mm
	6.检查填料支承的情况	6.填料支承的安装水平度公差控制在3~4mm。对于组合装的填料格栅条，要检查各个填料格栅条的腐蚀情况，利用水平仪器检测格栅条支承梁的水平度，偏差不大于4mm，检查格栅条的间隙不能过大
	7.塔入口分配器检查，塔壁、塔入口管线及塔顶出口管线检测，接管角焊缝抽查	7.塔入口分配器检查是否完好，有无腐蚀减薄情况；重点对进料口对面塔壁、塔入口管线及塔顶出口管线进行测厚检查，内壁宜进行着色检查有无开裂情况，接管角焊缝抽查
	8.防冲板、防涡板检查	8.防冲板、防涡板应无明显腐蚀和变形

2.3.2.4 填料塔（碱洗塔）处理措施及更换周期

（1）更换塔内腐蚀严重的紧固件，进料分布器腐蚀、变形严重应更换。

（2）丝网除沫器清理干净，建议每2个周期更换。

（3）塔内支承部件存在变形或损坏的应更换、修复。

（4）填料有坍塌、腐蚀、脆化现象时应更换，建议2个运行周期更换。

（5）检查塔入口分配器是否完好，发现腐蚀减薄情况进行更换。

（6）重点对进料口对面塔壁、塔入口管线及塔顶出口管线进行测厚检查，发现腐蚀减薄情况进行更换。内壁宜进行着色检查有无开裂情况，接管角焊缝抽查，发现异常情况进行修补处理。

（7）塔内防冲板、防涡板变形、腐蚀严重时进行更换。

2.4 换热器

2.4.1 普通换热器

重整装置常用换热器为管壳式换热器，如固定管板式、浮头式、U形管式换热器等，其中，预加氢换热器管束材质在高、中、低段分别选用不锈钢、铬钼钢、09#钢，苯抽提塔底重沸器材质选用不锈钢。

2.4.1.1 结构简图及特点

1.固定管板式换热器

固定管板式换热器的结构如图2-11所示。它由壳体、管束、封头、管板、折流挡板、接管等部件组成。其结构特点是，两块管板分别焊于壳体的两端，管束两端固定在管板上。

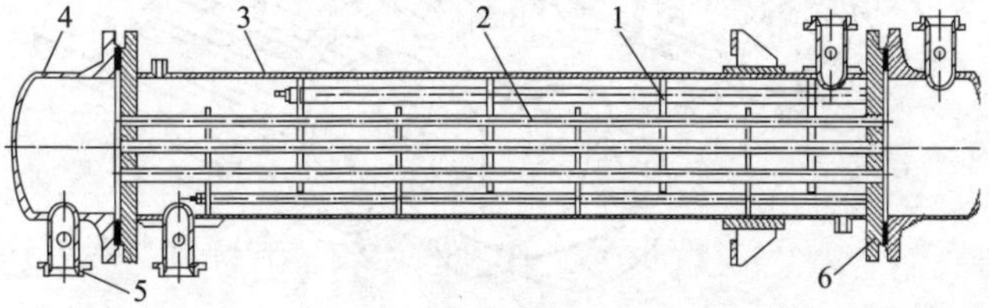

图2-11 固定管板式换热器

1—折流挡板；2—管束；3—壳体；4—封头；5—接管；6—管板

固定管板式换热器的优点是结构简单、紧凑。在相同的壳体直径内，排管数最多，旁路最少；每根换热管都可以进行更换，且管内清洗方便。其缺点是壳程不能进行机械清洗；当换热管与壳体的温差较大（大于50℃）时产生温差应力，需在壳体上设置膨胀节，因而壳程压力受膨胀节强度的限制不能太高。固定管板式换热器适用于壳方流体清洁且不易结垢，两流体温差不大或温差较大但壳程压力不高的场合。

2. 浮头式换热器

浮头式换热器的结构如图2-12所示。其结构特点是两端管板之一不与壳体固定连接，可在壳体内沿轴向自由伸缩，该端称为浮头。浮头式换热器的优点是当换热管与壳体有温差存在，壳体或换热管膨胀时，互不约束，不会产生温差应力；管束可从壳体内抽出，便于管内和管间的清洗。其缺点是结构较复杂，用材量大，造价高；浮头盖与浮动管板之间若密封不严，则会发生内漏，造成两种介质的混合。浮头式换热器适用于壳体和管束壁温差较大或壳程介质易结垢的场合。

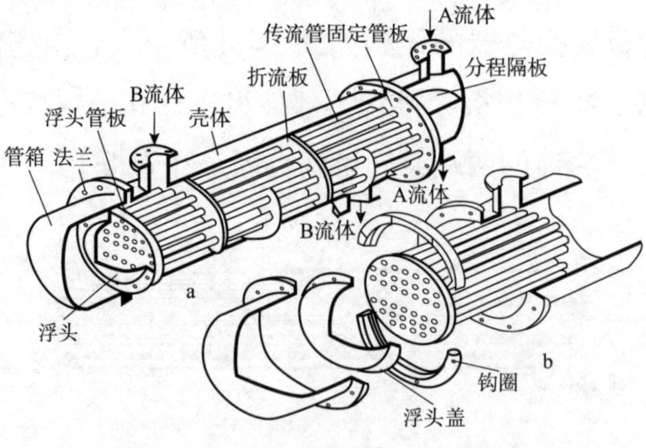

图2-12　浮头式换热器结构图

3. U形管式换热器

U形管式换热器的结构如图2-13所示。其结构特点是只有一个管板，换热管为U形，管子两端固定在同一管板上。管束可以自由伸缩，当壳体与U形换热管有温差时，不会产生温差应力。

U形管式换热器的优点是结构简单，只有一个管板，密封面少，运行可靠，造价低；管束可以抽出，管间清洗方便。其缺点是管内清洗比较困难；由于管子需要有一定的弯曲半径，故管板的利用率较低；管束最内层管间距大，壳程易短路；内层管子坏了不能更换，因而报废率较高。U形管式换热器适用于管、壳壁温差较大或壳程介质易结垢，而管程介质清洁不易结垢以及高温、高压、腐蚀性强的场合。一般高温、高压、腐蚀性强的介质走管内，可使高压空间减小，密封易解决，并可节约材料和减少热损失。

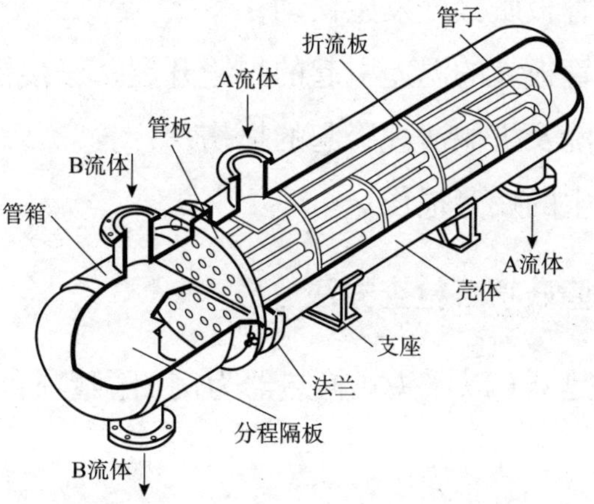

图 2-13 U 形管式换热器结构图

2.4.1.2 失效形式

造成换热设备劣化和失效的主要形式和原因有腐蚀、机械及热应力损伤。

1.腐蚀

换热设备管束受到的腐蚀取决于管束内外侧介质的化学组分、浓度、压力、流速，以及管束本身的材质性能。腐蚀主要有以下表现形式：

①介质引起的均匀腐蚀；

②应力腐蚀开裂，如奥氏体不锈钢管的应力腐蚀开裂；

③冷却水引起的各种腐蚀，如磨蚀与冲蚀，结垢引起的坑蚀。还有一些其他形式的腐蚀，如管子与管板间的缝隙腐蚀，管板与管束材质不一引起的电偶腐蚀等。

2.机械及热应力损伤

换热设备会在使用中受到各种不同类型的机械损伤，主要有以下几种情况：

①管子与管板胀接处发生松动；

②管子与管板大的温差引起的焊缝开裂、胀接松脱；

③化学清洗及机械清理引起的损伤；

④振动产生的疲劳损伤。

2.4.1.3 隐蔽项目检查方法

管壳式换热器（以浮头式换热器为例）隐蔽项目检查方法见表2-10。

表2-10 管壳式换热器（以浮头式换热器为例）隐蔽项目检查方法

设备部位	检查项目	检查方法及标准
壳体	1.外观检查	1.1 目视检查筒体、封头、管箱、接管、附属仪表外部，无变形、泄漏、腐蚀、开裂等；目视或用锤击检查接管及角焊缝，无腐蚀脱落、无裂纹，坚实牢固
		1.2 目视检查筒体内表面，无严重腐蚀的凹坑、凹槽（能满足强度要求）；检查内部焊缝，无腐蚀开裂；各管口畅通无堵塞
		1.3 目视检查管箱隔板腐蚀减薄情况，从腐蚀速率判断剩余厚度是否满足下一周期使用要求
		1.4 用铁丝等物插入引压管，畅通完好

续表

设备部位	检查项目	检查方法及标准
壳体	2.测厚检查	2.1 重点检查部位为两端封头，物料进、出口，流量转向、界面突变处，接管部位； 2.2 宏观检查发现减薄部分； 2.3 测厚点数根据设备尺寸、以往检验数据确定
	3.无损检测	3.1 从外表面对主焊缝进行检验，首先对主焊缝进行磁粉或超声探伤（比例按TSG 21《固定式压力容器安全技术监察规程》）； 3.2 渗透检查裂纹情况，重点检查位置如下： （1）管口角焊缝； （2）返修部位； （3）其他部位进行抽检检测
	4.器内各支承焊接部位开裂、错位、磨损情况	4.器内各支承部件不允开裂、错位、磨损、限位卡件固定螺母需双螺母锁紧或点焊
	5.压力表、仪表等辅助安全设备检查	5.相关压力表、仪表拆检校验合格
	6.裙座及基础检查	6.裙座无变形、裂纹，基础板无腐蚀；基础有无裂纹破损、下沉、歪斜，地脚螺栓有无松动
管束	1.管束堵塞及结垢情况	1.目测、高压水通水检查、通钢管检查，应无堵塞及结垢
	2.密封面	2.目测有无影响密封的缺陷，如凸起、凹坑、划痕，密封面应无径向划痕或损伤。密封圈宽度检查，其与密封面的宽度应尽量一致
	3.管束防腐	3.对于涂料防腐的管束，目测及测量检查脱落情况，判断是否可以使用至装置运行周期末。结合实际情况，可邀请专业厂家进行涂层检查，并进行修复
	4.管子	4.目测、内窥镜、涡流测厚等无损检测方法，检查管子腐蚀、变形等损坏情况。按照管束关注等级开展管束预防性工作
	5.管板及其他管束构件	5.检查管板、折流板、防冲挡板等腐蚀及损坏情况

续表

设备部位	检查项目	检查方法及标准
小浮头及螺栓	1.本体及密封面	1.检查浮头盖完好情况，目测密封面有无影响密封的缺陷，如凸起、凹坑、划痕，密封面应无径向划痕或损伤
	2.牺牲阳极	2.检查水冷器牺牲阳极块腐蚀情况是否严重，根据腐蚀速率估算是否可使用一个周期
	3.螺栓	3.检查螺栓的腐蚀、螺纹损坏情况
管箱	1.本体及密封面	1.检查浮头盖完好情况，目测密封面有无影响密封的缺陷，如凸起、凹坑、划痕，密封面应无径向划痕或损伤
	2.牺牲阳极块	2.检查水冷器牺牲阳极块腐蚀情况是否严重，根据腐蚀速率估算是否可使用一个周期
外头盖	本体及密封面	检查外头盖完好情况，目测密封面有无影响密封的缺陷，如凸起、凹坑、划痕，密封面应无径向划痕或损伤
注水喷头检查（预加氢进料换热器）	拆装检查	检查喷头有无堵塞、损坏

2.4.1.4 处理措施及更换周期

（1）换热管堵塞。采用高压水清洗，特殊情况下配合采用机械疏通或化学清洗。不锈钢管束清洗应考虑防止氯离子缝隙腐蚀或点蚀。

（2）换热器管腐蚀泄漏。有破裂或腐蚀穿孔的换热器管束，可用堵头封堵，必要时加焊。同一管程内，封堵管束一般不应超过总数的10%，如工艺允许可以适当增加，否则采取更换管束、材质升级等措施。如管束与管板焊缝处有渗漏，可进行补胀或焊接，如采用补胀，补胀次数最多不超过三次，否则需更换管束。

（3）换热器防腐层检查。根据管束使用周期，综合确定重新防腐或进行材质升级方案。

（4）浮头螺栓更换。按5%~10%的比例备料更换，视情况增、减更换比例，对于存在湿硫化氢腐蚀环境的浮头螺栓，建议100%更换。因小浮头密封点泄漏不易察觉，建议小浮头螺栓进行定力矩管理。

（5）水冷器涂层及牺牲阳极。管束及管板涂层失效或脱落较多时需要重新防腐。根据使用周期，如估算无法使用至周期末应更换新阳极块。

（6）压力容器检验缺陷修复。壳体及焊缝修补等压力容器缺陷修复按SHS 01004《压力容器维护检修规程》、TSG 21《固定式压力容器安全技术监察规程》的要求执行。

（7）注水喷头检查（预加氢进料换热器）。每一检修周期对预加氢进料换热器喷头进行拆装，检查喷头冲蚀、堵塞及损坏情况。

（8）对冲刷、腐蚀严重的防冲板、导流筒进行更换或贴补处理。

（9）按照使用年限、腐蚀状况、结垢状况确定管束健康等级，按照对装置工艺影响程度、停车损失、产品质量影响等综合考虑确定管束关键度等级，按照中国石化总部静设备预防性维修策略要求执行。

2.4.2 重整反应进料换热器

2.4.2.1 结构简图

国内大型板壳式换热器见图2-14，国外大型板壳式换热器见图2-15，缠绕管换热器基本结构图见图2-16。

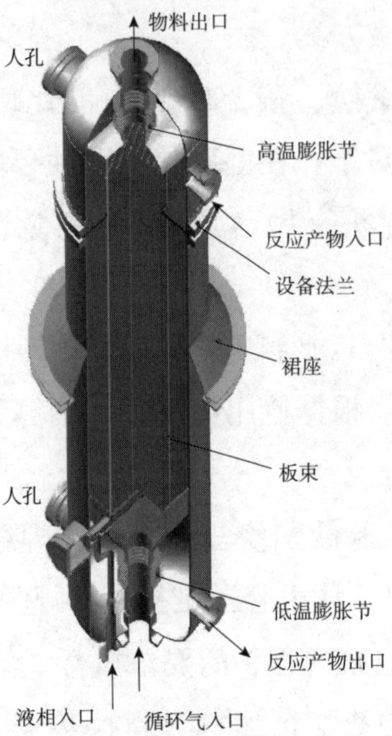

图 2-14　国内大型板壳式换热器

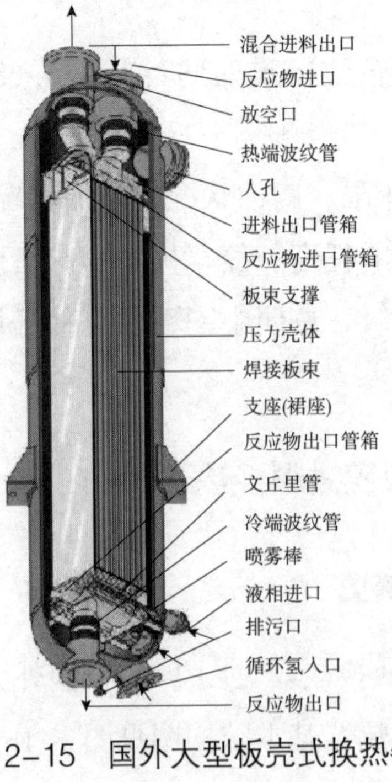

图 2-15　国外大型板壳式换热器

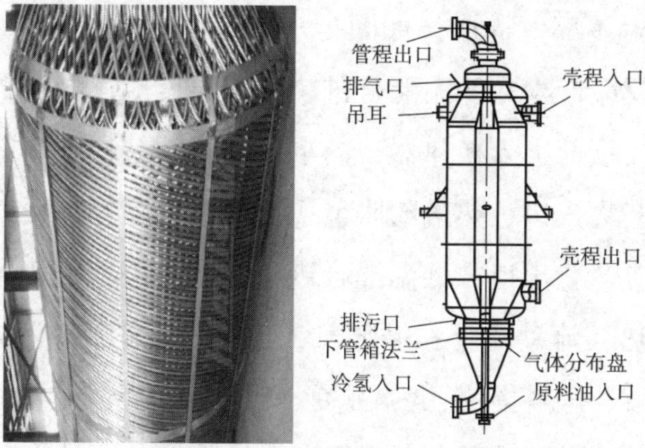

图 2-16 螺旋缠绕管式换热器基本结构图

2.4.2.2 结构特点及失效机理

重整反应进料换热器多采用全焊接板壳式换热器。国内大型板壳式换热器由不锈钢波纹板组成全焊式矩形板叠，如图2-14所示。矩形板叠上部和下部分别与板束管箱相连构成全焊式板束，在板束下管箱内设置气体分布板与液体分布器，板束通过管板支撑悬挂在壳体中，板束上部及下部均通过膨胀节与壳体相连。外壳由上部壳体与下部壳体两部分组成，上、下部壳体通过设备法兰连接，设备法兰采用焊接式密封结构。在换热器内，冷端进料经液体分布器分布后与冷态的循环气体在板束下管箱内进行混合，混合后的油气混合物均匀进入板程流道，被加热后汇集到板束上管箱并流出换热器。热态的反应出料由板束上端壳程侧向开口均匀进入壳程的每个流道，经冷却后由板束下端壳程侧向开口流出壳程，板程介质与壳程介质的流动呈纯逆流。

瑞典AlfaLaval公司生产的Packinox焊接板式换热器由周边密封焊接的板束、全焊接的低合金钢压力容器以及集箱、膨胀节、喷淋管等附属部件构成，如图2-15所示。工艺介质换热器流程分为高温反应产物和低温混合进料。高温反应产物从最后一个反应器出来在顶部进入换热器，向下流动的同时得到冷却，流动路径：反应产物入口、热端膨胀节、反应产物集箱、板束、冷端膨胀节、反应产物出口。低温混合进料在底部进入换热器，上升的同时被加热，流动路径：循环氢入口+文丘里管、液体进料+喷淋管、板束、进料集箱、热端膨胀节、进料出口。

重整装置使用的国内大型板壳式换热器与国外大型板壳式换热器均有自身的特点和适用范围，其整体结构、板片成型技术、板束焊接、进料分布器等都各有不同，如表2-11所示。重整所用国内大型板壳式换热器由于其需要避开国外专利，其本身结构设计、板片成型、焊接性能等与国外板换存在一定差距。重整装置操作压力约0.35MPa，压降要求更低，操作温度500℃左右，对材料热膨胀和热应力释放的设计及结构要求更高，使得国内板换的抗操作波动能力相对较弱，可靠性有待进一步提升。

表2-11　国内和国外板壳式换热器对比表

产地	板片成型方式	波纹形状	进料分布器	焊接方式	拆卸维修	抗操作波动性	设备造价
国内	连续模压	顺人字形	分布管中间布置	氩弧焊电阻焊	可拆卸	中等	适中
国外	水下爆炸	组合人字	喷雾棒两侧布置	激光焊	不可拆卸	较强	昂贵

重整原料油在预加氢反应器内进行脱硫、脱氮等反应后，要求进料氮含量$<0.5\times10^{-6}$，同时循环氢为维持重整催化剂活性而注入的氯化物（如二氯乙烷和三氯乙烷），一般氯含量在20×10^{-6}，在一定温度下NH_4Cl会发生结晶，在冷、热端会造成累计沉积和

腐蚀。在重整加工过程中，原料中稠芳烃含量高，其中的不饱和烃二烯烃，在一定温度下，经聚合、环化而生成芳烃，而芳烃又会在气相中进一步缩合、脱氧形成大量稠芳烃结构的滴液状的焦油，在热端容易造成结焦，影响换热效率。在板壳式换热器使用过程中，进料分布器设计或使用不合理，导致热端进料分布不均匀，引起膨胀不协调，会出现较大温差应力；装置运行时，反应器催化剂跑损，进入壳程侧板片之间，造成催化剂堵塞，引起板片热膨胀不均；装置在紧急开停车时，升温、降温速度过快，形成温度梯度，产生温度应力，导致板片出现应力开裂。

螺旋缠绕管式换热器是近几年新开发的一种特殊管壳式换热器，应用于重整反应进料换热器。通过在芯筒与外壳之间的空间内，将传热管按螺旋线形状分层交替缠绕而成，其具有结构紧凑、传热效率高、抗装置波动干扰性好等特点。基本结构主要包括下管箱、管束和上管箱，如图2–16所示。介质流程：反应进料走管程，由底部进入，与由气体分布盘分配进入的氢气在管板前混合；反应产物走壳程，由筒体上部进入，筒体下部出去；顶部封头设排气口，底部封头设排污口。相对板壳式换热器而言，螺旋缠绕管式换热器采用超长钢管作为管束，承压和抗装置压力温度波动干扰性能更强，提高了设备运行的安全可靠性。但缠绕管式换热器制造工艺复杂，结垢堵塞清理困难，应用时间较短，积累运行经验相对不足，需要更长时间去检验。

2.4.2.3 进料换热器隐蔽项目检查方法

重整反应进料换热器隐蔽项目检查方法见表2–12。

表 2-12 重整反应进料换热器隐蔽项目检查方法

设备部位	检查内容	检查方法及标准
板束检查（板壳式）	1.外观检查	1.1 检查板束整体无变形，无杂物； 1.2 板束各支承件无开裂、错位、损坏
	2.板束焊缝检查	2.1 检查板束焊缝无泄漏、开裂
壳体检查	1.外观检查	1.1 引压管畅通完好； 1.2 内部杂物检查清理
	2.法兰密封面检查	2.1 法兰检查有无裂纹，密封面不得有划痕、磕痕、裂纹和疵点等缺陷，人孔法兰密封面、直径≥250mm的接管法兰密封面进行渗透检测； 2.2 密封面表面光洁无机械损伤、径向刻痕、严重锈蚀缺陷，法兰孔及法兰清锈吹扫干净； 2.3 金属环垫的法兰连接前，法兰环槽密封面与金属环垫应做接触线检查，当八角垫在密封面上转动45°后，检查接触线不得有间断现象，否则应进行研磨修理； 2.4 螺栓紧固采用定力矩管理
	3.人孔螺栓检查	3.1 螺栓在逐个清洗后，检验其损伤和裂纹情况，重点检验螺纹及过渡部位有无环向裂纹，必要时进行无损检测； 3.2 高温部位涂抹防咬合剂，低温部位涂抹润滑脂
	4.壳体及受压元件	4.按SHS 01004《压力容器维护检修规程》执行
膨胀节（板壳式）	1.外观检查	1.检查膨胀节波纹管无变形、损坏情况
	2. PT检查	2.波纹管及焊缝部位进行PT检查
入口分配器	入口分配器拆装检查	检查入口分配器损坏、堵塞情况
入口管线	1.管线入口过滤器检查	1.检查清理入口过滤器
	2.管线内部检查清理	2.检查清理入口管线

2.4.2.4 板壳式处理措施及更换周期

（1）对板束进行检查，板束各支承件无开裂、错位、损坏。膨胀节波纹管及焊缝部位进行PT检查，无变形、损坏情况。

（2）装置检修期间，做好设备封堵，停车时宜制订专项方案进行气密性试验，可使用氮气（条件不具备时选用净化风）进行微正压保护，防止板束中的铵盐与水结合，在板束内形成酸性腐蚀环境，造成板束腐蚀泄漏。

（3）对入口管线、过滤器、分配器进行检查，清除内部脱落的锈蚀及污垢混合物，防止杂质进入。

（4）在正常运行操作过程中，若发现板程压降升高、壳程压降升高或热端温差升高，有可能是分布板堵塞、板片结焦结垢等造成。在调整工艺操作等无法降低压降或热端温差情况下，就需要在检修时对其进行必要的化学清洗，注意ALFA LAVAL PACKINOX进口板换清洗要求及方法，要由ALFA LAVAL PACKINOX根据操作性能分析进行确认。

化学清洗主要是为了清除壳体内板换外侧及板换内部的铵盐、轻质胶状物及氧化铁等，同时消除硫化亚铁危害，避免发生腐蚀损坏板束，从而提高换热效率，使该换热器恢复正常运行状态。一般采用循环法清洗，包括系统水冲洗、壳体及板换外侧除氯和氧化铁的清洗、混合原料侧除轻质胶状物的清洗、反应产物侧除铵盐的清洗、水冲洗、钝化或烘干，清洗流程如图2–17所示。

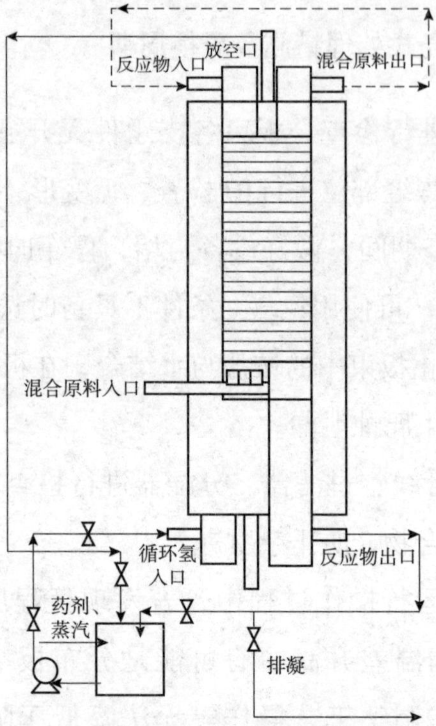

图 2-17　板壳式换热器化学清洗基本流程

化学清洗注意事项：

①首先必须对污垢成分进行分析，然后通过小试溶解或分散换热器在运行过程中形成的污垢，确定化学清洗配方、操作温度、操作时间及其他清洗要求，并根据清洗配方的特点及设备材质，确定钝化药剂的类型、浓度、操作时间等。

②水清洗使用软化水清洗，建议不要使用Na_2CO_3碱性药剂，避免发生碱脆现象，采用有机类碱性和高温下能分解药剂。

③严格控制清洗过程中Cl^-含量对不锈钢材料产生应力腐蚀，配料用水须采用除盐水，Cl^-含量应低于5mg/L；氯化物质量浓度在150mg/L以下，pH在9~11之间。

④板壳式换热器化学清洗流程按图2-17基本流程进行，清洗

过程中严格控制两侧正向压差不得超过设备设计压差，严禁反向清洗。

2.4.2.5 缠绕管换热器处理措施

重整进料缠绕管式换热器，运行中压降大，停车检修时需进行化学清洗或高压水冲洗。建议委托专业厂家实施。

对入口管线、过滤器、分配器进行检查，清除内部脱落的锈蚀及污垢混合物。

2.5 空冷器

2.5.1 结构简图

空冷式换热器管束用于介质的冷凝和冷却，管束是介质进行热交换的主要部件，由翅片管、管箱、侧梁及上、下横梁组成。空气冷却器的基本结构见图2-18。

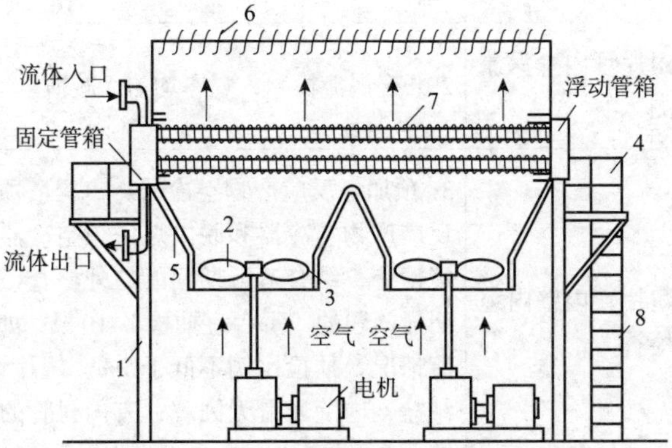

图 2-18　空气冷却器的基本结构

1—构架；2—风机；3—风筒；4—平台；5—风箱；6—百叶窗；7—管束；8—梯子

2.5.2 结构特点及失效机理

管翅式干空冷是最常用的空冷形式，重点关注重整反应产物空冷（主要介质为氢气、油气）、预加氢反应产物空冷（主要介质为氢气、油气、H_2S）、脱戊烷塔顶空冷（主要介质为含氯油气）。

失效机理一般为：①重整反应产物空冷管束内壁发生氯化铵盐结晶累积，NH_4Cl盐垢具有吸湿性，可从气态物流中吸取水分，导致NH_4Cl盐水解生成盐酸造成垢下腐蚀。②脱戊烷塔顶冷凝系统设备与管线常常发生$HCl+H_2O$腐蚀，腐蚀形态主要表现为碳钢的均匀减薄腐蚀。

2.5.3 隐蔽项目检查方法

空冷器隐蔽项目检查方法见表2-13。

表2-13 空冷器隐蔽项目检查方法

设备部位	检查内容	检查方法及标准
翅片管	1.翅片管外观	1.翅片管清洁无积灰，翅片完好，无大面积变形
	2.翅片管内壁涡流检测	2.开展涡流检测，壁厚均匀无减薄
	3.翅片管内壁内窥镜检查	3. 预加氢反应产物空冷器、汽提塔顶空冷器、重整反应产物空冷器和脱戊烷塔顶空冷器进行内壁内窥镜检查，结合运行期间的红外检查，运行中未发现明显问题的，每台宜抽检4~10根；如发现堵塞、偏流情况，抽检比例不低于5%，翅片管内部无堵塞、结盐，内壁光滑无蚀坑，有内衬管的检查内衬管腐蚀、变形情况
丝堵	丝堵螺纹、密封面、垫片检查	丝堵螺纹无损伤，密封面完好，垫片无变形

2.5.4 处理措施及更换周期

管翅式干空冷的处理措施应按照相应的规范执行，对发现的问题应及时处理，保障设备长周期的运行。主要的处理措施如下：

（1）翅片管积灰严重。翅片管积灰需用水冲洗，必要时使用高压水进行冲洗，注意电机防护。

（2）翅片管减薄、内腐蚀。参照以上管壳式换热器处理措施确定管束关注等级及检测比例。换热管进行涡流检查出现减薄需扩检。预加氢反应产物空冷器、汽提塔顶空冷器、重整反应产物空冷器和脱戊烷塔顶空冷器进行内壁内窥镜检查，结合运行期间的红外检查，运行中未发现明显问题的，每台宜抽检0~4根；如发现堵塞、偏流情况，抽检比例不低于5%，翅片管内部无堵塞、结盐，内壁光滑无蚀坑，有内衬管的检查内衬管腐蚀、变形情况。发现异常情况，确定拆装清洗方案。

停工检修期间对于重整反应产物空冷器和脱戊烷塔顶空冷器宜在出入口管线增加盲板，可使用净化风进行微正压保护。

（3）堵头、垫片。确认丝堵螺纹无损伤，密封面完好，存在缺陷的进行修理或更换，拆过的丝堵垫片进行更换。

2.6 重要机泵

2.6.1 轻烃泵、高温油泵

2.6.1.1 结构简图

轻烃泵、高温油泵结构见图2-19。

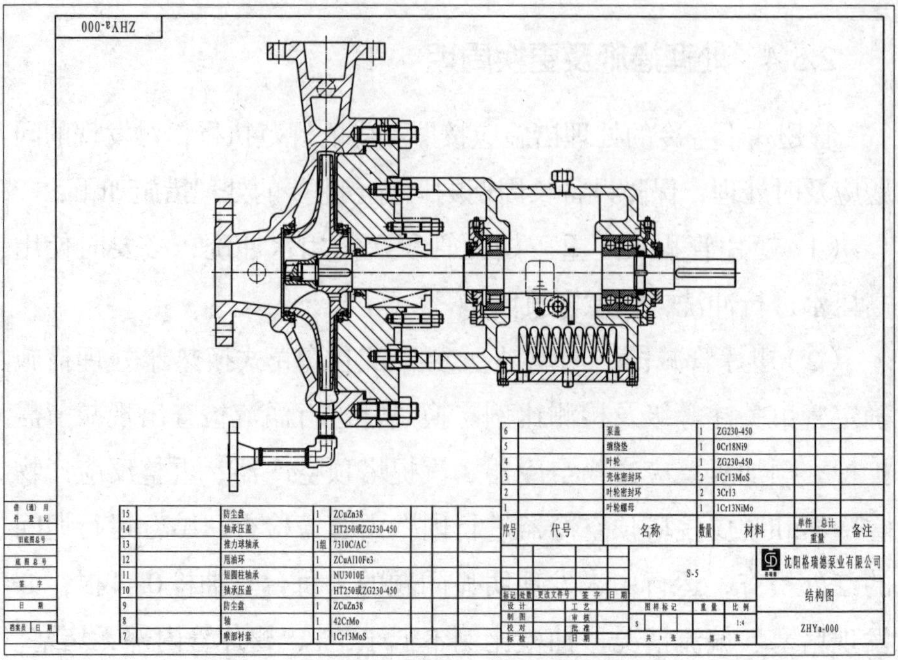

图 2–19 轻烃泵、高温油泵结构

2.6.1.2 结构特点及失效机理

轻烃泵主要是指连续重整装置中脱去较轻组分的塔顶泵，运送的介质多为C_5-轻烃和液化气，组分较轻。轻烃泵的腐蚀机理主要为冲刷腐蚀，腐蚀形态多为叶轮及泵体的冲刷腐蚀减薄及坑蚀。轻组分存在运送温度较低，易冻凝的情况，在介质含有氯的情况下容易发生结盐堵塞管线问题。因此在检修时要特别注意对机泵出入口管线进行检修维护，及时清理结盐和检测弯头腐蚀情况，对阀门及时进行打压或者进行更换；对相应的密封系统（多使用氮气密封）和仪表控制系统进行检查。

连续重整装置的高温油泵主要涉及运送较重组分的预分馏塔、二甲苯塔塔底泵等机泵，运送介质是连续重整装置组分较重的成分，包括重芳烃、汽油等。目前高温油泵大多进行了串联密封改造，或者进行了机械密封材质的升级。高温油泵的腐蚀机理主要为高温冲刷腐蚀，腐蚀形态多为叶轮及泵体的冲刷腐蚀减薄及坑蚀。目前，普遍的重整装置高温油泵在操作波动大时（机泵流量较大幅度的调整），存在油性变化频繁的特点，因此，机泵自身的主要失效点也就体现在振动大和机械密封泄漏两个方面。

机泵具体的检修和相关质量的把控可以参照SHS 01013《离心泵维护检修规程》执行。目前大部分装置都执行长周期运行目标，装置停工大修基本上均是3~4年，机泵的检修可以安排在非停工大修期间进行，因此，大修期间针对机泵的检修要注意对高温油泵的进出口切断阀门以及需要频繁开关的阀门（如预热阀、连通阀等）进行维护，参照SHS 01030《阀门维护检修规程》执行，必要时进行更换。保证此类阀门的密封性，确保机泵能顺利地交出进行检修，同时对高温油泵机械密封改造后增加的辅助系统（如PLAN52自带的缓冲液罐）进行维护、疏通管道，必要时对缓冲液罐内的换热夹管进行查漏。

2.6.1.3 隐蔽项目检查方法

轻烃泵、高温油泵隐蔽项目检查方法见表2-14。

表2-14 轻烃泵、高温油泵隐蔽项目检查方法

设备部位	检查内容	检查方法及标准
轴承箱部分	轴承箱与轴承配合间隙、油封外观及间隙检查	1.轴承箱与轴承配合部位无明显磨痕、轴承外圈与轴承内壁配合在公差Js7/h6要求之内（或遵循设备原厂检修指导资料要求配合公差）； 2.油封回流槽无堵塞结垢，其内径无明显磨损，预留合适的轴向间隙，防止与轴承压盖碰磨
机泵附属管线部分	冷却水线，密封自冲洗线检查	附属系统主要针对冷却、润滑、过滤网等，冷却系统以排空压力的情况来判断，过滤网以肉眼观察为主，带油雾润滑的，要保证凝缩嘴喷雾正常；密封自冲洗孔板无堵塞

续表

设备部位	检查内容	检查方法及标准
联轴器部分	泵与电机对中检查，螺栓孔、叠片、联轴器外圆及端面外观检查，联轴器内孔与轴配合间隙检查	1.用百分表或激光对中仪对泵及电机对中进行检查，并根据原厂提供的随机资料对中要求进行调整，联轴器对中检查时，调整垫片每组不得超过4片； 2.测量螺栓与联轴器螺栓孔配合间隙、测量联轴器内孔与轴配合有无超差，对于叠片联轴器要做宏观检查，检查膜片是否有鼓翘、断裂，扭矩螺栓是否有裂纹
机械密封部分	密封轴套与泵轴配合部位检查，密封辅助系统检查	1.机械密封的检查，现在的高温油泵机械密封多为集装式的套装，主要控制以下几个参数：压盖螺栓应均匀上紧，防止压盖端面偏斜；驱动环螺钉的紧固确认，无错位；轴套O形圈与泵轴配合部位无明显腐蚀、磨损及沿轴向沟槽； 2.对辅助系统检查：更换隔离液，清理玻璃板液位计。清理辅助系统的冷却系统，如过滤网，水管，保证冷却。定期校核辅助系统的压力开关、液位开关、安全阀等附件
轴承部分	滑动轴承、滚动轴承检查	1.滑动轴承：检查轴瓦间隙、瓦背紧力，轴瓦接触面积应均匀；轴承的合金层与轴承衬应结合牢固，合金层表面不得有气空、夹渣，裂纹、剥离等缺陷；轴瓦配合尺寸优先根据原厂资料进行检查，无原厂资料的根据中国石化检维修规程要求执行； 2.滚动轴承：检查内圈及外圈配合是否超差，调整定位轴承轴向膨胀间隙，滚动轴承内外圈配合尺寸及轴向间隙优先根据原厂资料进行检查、调整，无原厂资料的根据中国石化检维修规程要求执行
转子部件	轴颈圆柱度、泵轴弯曲度、转子各部径向及轴向跳动检查及动平衡检查	1.检查叶轮、口环及密封轴套配合部位有无腐蚀及磨损； 2.测量轴承安装位置轴颈圆柱度、测量轴位于对轮、叶轮、密封轴承套处径向跳动，测量叶轮口环径向及轴向跳动，检查对轮及叶轮键槽与键配合情况，检查更换叶轮锁母、叶轮、轴套贴合面间的密封垫，并测量口环间隙是否超标，涉及的各部间隙测量值应符合厂家随机资料要求

续表

设备部位	检查内容	检查方法及标准
壳体部件	泵盖螺栓、泵盖、蜗壳、口环检查及细小接管检查	检查泵盖螺栓有无拉伸、缩颈现象，泵盖及蜗壳无明显腐蚀冲刷、裂纹，检查泵盖密封腔喉部衬套间隙是否超标，检查口环与泵壳固定是否松动，细小接管采用PT检查

2.6.2 真空泵

2.6.2.1 结构简图

真空泵结构见图2-20。

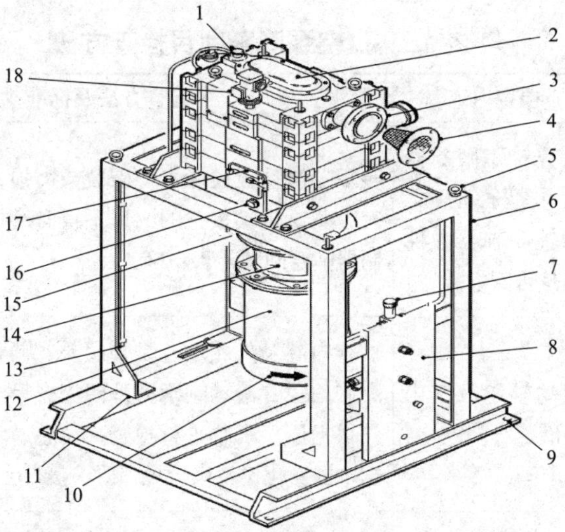

图 2-20 真空泵结构

1—冷却液填注器盖；2—轴承盖；3—泵入口；4—入口过滤器 (在泵入口中) ；5—吊环；6—固定架；7—TCV(温度调节控制阀) ；8—维修面板；9—固定孔；10—旋转方向箭头；11—固定架下部横构件 (仅 DP250/DP400) ；12—泵马达；13—冷却液溢出管端头；14—联结器保护盖；15—油位目视镜 (固定架后面) ；16—油填注塞

2.6.2.2 结构特点及失效机理

真空泵多用于苯抽提中，溶剂回收塔中为了确保苯产品的质量和结晶点，故设计该塔为负压塔正常操作时，负压控制在-40kPa左右。通过真空泵的气相量来维持塔压，实际操作中塔顶压力由压控阀来控制。若负压过大，容易造成溶剂、助剂和苯跑损，剂耗增加，回收率降低。真空泵多为爪式干式真空泵，个别真空泵前还设置有罗茨增压器。

2.6.2.3 隐蔽项目检查方法

真空泵隐蔽项目检查方法见表2-15。

表 2-15 真空泵隐蔽项目检查方法

设备部位	检查内容	检查方法及标准
联轴器	检查转矩限制器工作是否正常、检查联轴器弹性块是否磨损	转矩器滑动板边缘不得破裂或磨损，隔板边口不得有毛刺，传动板中的凹口不得有磨损，检查转矩限制器啮合间隙是否正确
轴承	滚动轴承及其内外圈配合间隙	检查内圈及外圈配合是否超差，调整定位轴承轴向膨胀间隙，滚动轴承内外圈配合尺寸及轴向间隙优先根据原厂资料进行检查、调整，无原厂资料的根据中国石化设备维护规程要求执行
转子部件	检查主动轴及从动轴轴颈圆柱度、泵轴弯曲度、转子各部径向及轴向跳动、各级叶轮检查	1.检查主动轴及从动轴各级叶轮有无腐蚀及磨损； 2.测量轴承安装位置轴颈圆柱度、测量联轴器、叶轮、轴承套处径向跳动，检查对轮及叶轮键槽与键配合情况，检查各级叶轮两侧与隔板间隙是否超标、是否与隔板存在碰磨，涉及的各部间隙测量值符合厂家随机资料要求； 3.主动轴及从动轴齿轮箱侧骨架油封需进行更换

续表

设备部位	检查内容	检查方法及标准
壳体部分	各级壳体隔板是否腐蚀、各级隔板O形圈检查更换	1.检查各级隔板是否变形、腐蚀及磨损； 2.检查各级壳体水路油污堵塞； 3.更换各级壳体O形圈

2.7 离心式压缩机、汽轮机

2.7.1 结构简图及特点

连续重整装置重整循环氢压缩机和重整氢增压机一般都是离心式压缩机，离心式压缩机通常都是用汽轮机通过干式叠片联轴器直接驱动的。汽轮机有背压式和凝汽式之分，背压式汽轮机结构简单，凝汽式较为复杂，因为它包含了抽空系统、表面冷凝器及其液位控制和凝结水泵等一系列设备。从获得能量的方式又可将汽轮机分为冲动式和反动式，冲动式汽轮机，蒸汽在喷嘴或静叶中完全膨胀，动叶中不再有压降；反动式汽轮机，蒸汽在静叶和动叶中都有压降。

离心式压缩机都是采用圆筒型壳体结构，其主要由内筒体、机壳、轴承、密封和联轴器等部件组成，此外系统中还包括润滑油站、密封油站、油气分离器、密封高位油罐、紧急停车高位油箱及干气密封控制系统等，见图2-21。内筒体是离心式压缩机的心脏部分，由转子和定子组成，转子包括叶轮、主轴、轴套和平衡盘。气体通过叶轮获得动能，平衡盘主要用于减少由于叶轮两侧压力差所产生的推力。定子分为进气段、隔板、蜗室和级间密封。径向轴承承受转子重量，止推轴承承受转子在轴向上的不平衡力。轴端密封是防止气体从压缩机两侧轴延伸处泄漏的重要部件，主要有机械密封、浮环密封和干气密封。

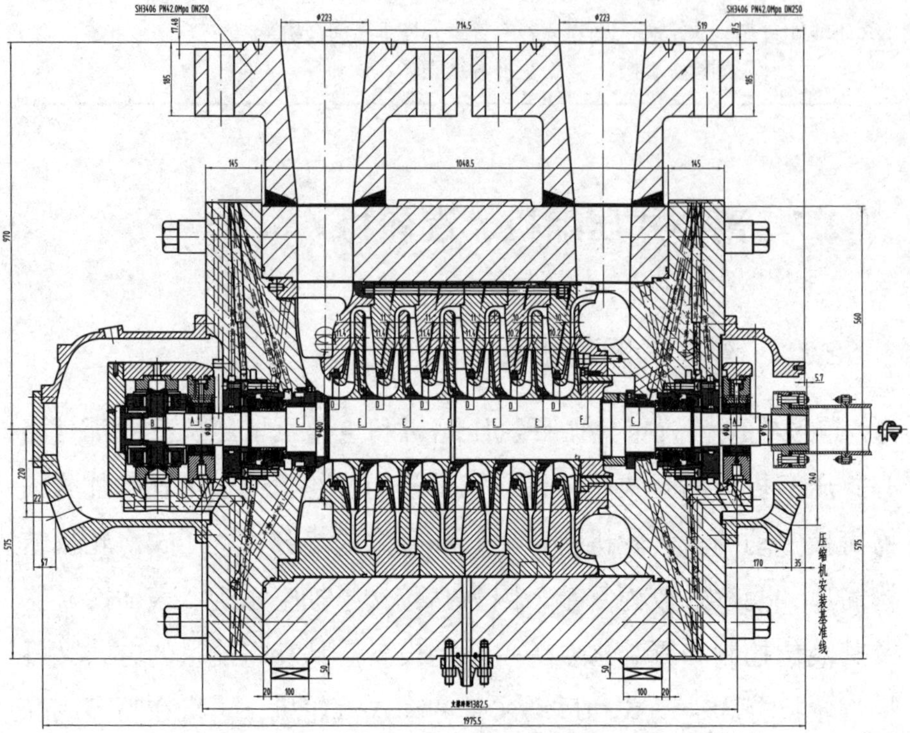

图 2-21　离心式压缩机纵剖面结构图

2.7.2　失效机理

机组中轴承、密封、联轴器为易损件，易造成轴承故障、密封泄漏、机身振动、动静摩擦等故障，需注意机组日常轴承润滑、测温、测振、润滑系统漏点检查与消除等巡检工作，长周期运行易出现干气密封卡涩、轴承振动大等现象。

2.7.3　隐蔽项目检查方法

汽轮机隐蔽项目检查方法见表2-16。

表 2–16 汽轮机隐蔽项目检查方法

设备部位	检查内容	检查方法及标准
前后轴承座部分	止推轴承、径向轴承检查及油封更换	1.止推轴承检查。采用目视、PT检测方式，如轴承合金有夹渣、气孔、剥落及脱壳现象，应予更换；瓦块厚度均匀，各瓦块最大厚度差不应超过0.01mm，否则应予更换。 2.径向轴承检查。采用目视、PT检测方式，如巴氏合金层有夹渣、气孔、电腐蚀痕迹等应测量瓦块的厚度，同一组瓦块厚度误差控制在0.01mm以内，否则应予更换；薄壁瓦的接触角度应在60°~90°范围内，最大不超过120°，否则应进行修整。支撑瓦及推力瓦间隙、瓦背紧力需根据原厂资料进行检查、调整。 3.检查测量新油封间隙，是否符合原厂数据要求
	轴承座固定螺栓及支撑螺纹座松动检查	检查前后轴承座各支承螺纹座锁紧内六角有无松动，冷态下测量前轴承座两侧压板间隙是否超标，检查前轴承座底部螺纹座与支撑球面垫是否有松动情况
内、外气缸部分	内、外气缸水平剖分面检查	检查并记录汽缸中分面有无裂纹、冲刷、损伤、漏气痕迹等缺陷；测量内外缸中分面差值，其数值应符合原厂数据要求
	高低压轴端汽封齿、平衡活塞汽封齿、蒸汽室及导叶持环汽封齿检查	检查各部位汽封齿，测量其配合间隙，根据磨损情况更换汽封齿，各汽封齿间隙需根据原厂资料进行检查、调整
	压力级及调节级动静叶片检查	检查静叶有无冲蚀损坏、结垢、裂纹，隔板静叶片有无严重冲蚀、变形及裂纹
	角形环外观及间隙检查	检查角形密封环表面是否有磨损及裂纹等缺陷，检查其各方向活动间隙是否符合原厂资料要求

续表

设备部位	检查内容	检查方法及标准
内、外气缸部分	内、外气缸各紧固螺栓检查	外缸螺栓不得有滑牙、螺杆受拉缩颈现象，气缸螺栓回装时全部丝扣必须涂抹耐高温防咬合剂或者铅粉，汽缸螺栓紧固力矩必须符合厂家要求数值，螺栓紧固时需使用原厂要求的紧固工具或拆卸及紧固方法（如电加热、液压力矩扳手等工具），紧固时按照原厂要求的紧固顺序进行；蒸汽室及导叶持环螺栓紧固完成后需点焊防松
	猫爪螺栓外观及间隙检查	测量各猫爪间隙是否超标，检查弹簧片有无变形及裂纹
	前支座气缸拉杆螺栓外观及间隙检查	检查前轴承座拉与拉杆螺栓配合两侧螺母间隙值，检查拉杆螺栓有无变形及裂纹，拉杆螺栓汽缸侧锁母有无松动及点焊开焊情况
调节气阀部分	调节阀梁外观及间隙检查	检查阀碟有无磨损及其锁紧螺母有无松动、阀梁与阀杆配合部位有无磨损，每个阀砣相对阀梁的活动间隙值应符合原厂资料要求，必要时对阀梁做着色探伤
	阀杆、填料、套筒、衬套外观检查	阀门与填料配合部位有无磨损及轴向拉痕、填料清理干净，更换新填料密封圈，压紧螺母预紧力合适
	传动部分销轴、套筒、轴承检查	检查轴承与销轴有无矿量或活动不顺畅，清查 清理传动部件并在活动部位加注润滑脂
油动机及错油门部分	油动机清洗、外观及间隙检查	检查油缸内表面有无磨损及严重轴向拉痕，活塞环是否磨损，骨架油封是否老化失效
	错油门及其连接板检查	检查滑阀体及错油门本体有无磨损及卡塞，并测量其各配合间隙是否符合原厂资料要求，喷嘴与滑阀体配合部分有无松动，顶针及其推力轴承有无磨损。 错油门连接板检查有无变形及其裂纹，连接板各O形圈检查更换
	杠杆、反馈斜铁检查	检查杠杆顶丝有无松动、反馈斜铁有无磨损、肘形杆滚轮有无磨损、卡滞

续表

设备部位	检查内容	检查方法及标准
速关阀部分	滤网检查	检查清理蒸汽滤网、检查有无开焊破损
	主阀碟、阀座检查	检查密封面有无严重磨损，阀座配合是否松动，阀碟活动间隙值应符合原厂资料要求
	阀杆外观检查	检查阀杆是否弯曲变形，阀杆与油封及汽封配合部位是否存在严重磨损及变形
	油缸、活塞及活塞环外观、间隙检查	清洗油缸，检查油缸、活塞、活塞盘、试验活塞有无变形磨损，需要时进行修正，检查活塞与活塞环配合处有无严重磨损，检查活塞环有无磨损，清理速关阀内部
	油封、汽封间隙、外观检查	检查汽封有无磨损、油封及油封座O形圈检查更换
速关阀组合件	启动油及速关油换向阀、急停按钮、各管路接头垫片检查	速关阀组合件检修期间送杭汽修复整定。厂家更换所有的密封件，所有的部件进行清洗、检查，确保性能的良好性；电液转换器、速关组件分别进行性能测试，并出具报告
转子部分	轴颈圆柱度、动叶表面、转子跳动、各部汽封齿检查	复测转子轴向与前支座各安装尺寸，测量各轴颈圆柱度、推力盘端面跳动、各级叶轮径向跳动值，测量同流部分配合间隙，转子及叶轮围带与两侧气封齿间隙值及两侧间隙差值应符合原厂资料要求
汽封冷却器	蒸汽喷射器喷嘴检查	检查汽抽子喷嘴及喷嘴座螺纹有无冲蚀变形，并清理其蒸汽滤网，清理换热器、打压试漏
	换热器管束检查	
	蒸汽滤网检查	
控制油蓄能器	皮囊检查更换	使用蓄能器充压工具检测油系统蓄能器压力并进行整定。蓄能器皮囊充氮气试验，在试验压力下不漏气，各静密封点应无泄漏。如发现皮囊不能保压需进行更换
盘车器	拉杆、棘轮、活塞检查	检查拉杆有无弯曲、拉杆与提升框架轴销部位是否活动灵活、棘轮接触面有无磨损、变形

离心式压缩机隐蔽项目检查方法见表2-17。

表 2–17　离心式压缩机隐蔽项目检查方法

设备部位	检查内容	检查方法及标准
轴瓦部分	止推轴承、径向轴承、油封外观及间隙检查	1.止推轴承检查。轴承合金如有夹渣、气孔、剥落及脱壳现象，应予更换；瓦块厚度均匀，各瓦块最大厚度差不应超过0.01mm，否则应予更换。 2.径向轴承检查。测量瓦块的厚度，同一组瓦块厚度误差控制在0.01mm以内，否则应予更换；巴氏合金层如有夹渣、气孔、电腐蚀痕迹等应更换；薄壁瓦的接触角度应在60°~90°范围内，最大不超过120°，否则应进行修整。支撑瓦及推力瓦间隙、瓦背紧力需根据原厂资料进行检查、调整。 3.检查测量油封间隙
联轴器部分	护罩、联轴器短接、螺栓、联轴器外观检查	护罩检查有无变形及裂纹，安装O形圈部位清理，检查有无毛刺；联轴器短接两侧止口部位检查有无变形及裂纹；联轴器螺栓需进行更换；联轴器端面及外圆检查有无变形开裂，内孔扩张部位有无轴向拉痕，并检查其与轴头配合接触面积
内缸、隔板及气封	隔板外观检查，气封外观及间隙检查	首先对内缸、隔板及气封清洗除垢，然后检查隔板及汽封有无严重变形、裂纹、腐蚀情况，检查测量汽封与叶轮口环及隔套配合间隙，检查隔板及汽封两侧的防转紧固螺钉有无松动及腐蚀现象。内缸中分面O形圈槽清脏并安装新O形圈
转子部分	各轴颈圆柱度、转子各部跳动检查、转子着色检查	叶轮先清洗除垢，然后做着色探伤，测量轴瓦及干气密封安装部位轴颈圆柱度，测量轴头、叶轮口环及隔套部位的径向跳动，测量推力盘及叶轮的轴向跳动，检查转子各热套部位有无松动，检查转子与迷宫密封的间隙，转子整体组装后做动平衡实验

续表

设备部位	检查内容	检查方法及标准
干气密封系统	干气密封安装部位及系统管路	1.大盖及轴颈与静密封O形圈配合部位，不允许有刮痕、毛刺； 2.气密封系统管线先进行初步检查，若发现有胶质硫化物，需要采用酸洗，对每根干气密封系统管线逐一清洗，然后用净化风将管线吹扫干净； 3.干气密封过滤器，抽出滤芯，检查干气密封滤芯清洁度，更换主密封气滤芯及KO罐滤芯
机壳部分	外缸、大盖	外缸内壁清洗除锈、检查与内缸及大盖O形圈配合部位有无毛刺、刮痕、腐蚀及磨损，大盖安装干气密封部位清洗除锈，检查干气密封静密封点接触部位有无毛刺、拉痕、腐蚀及断线现象，更换大盖密封垫及O形圈，对外缸各底脚紧固螺栓进行检查，查有无松动
润滑油系统	油箱、高温油箱、油冷器、过滤器	油箱及高位油箱内部清脏，润滑油蓄能器使用蓄能器充压工具检测油系统蓄能器压力并进行整定。蓄能器皮囊充氮气试验，在试验压力下不漏气，各静密封点应无泄漏。如发现皮囊不能保压需进行更换，油站油冷器开封头对内部管束进行清洗，更换润滑油过滤器滤芯
附属管线部分	入口过滤器、管线结盐情况检查；干气密封管线结焦、结垢情况检查；压缩机附属管道检测	入口过滤器、管线内无结盐情况；干气密封管线无结焦、结垢情况；机体平衡管等附属管道按照压力管道要求进行检测管理

2.8 再生风机

2.8.1 再生风机结构简图

再生风机结构简图见图2-22。

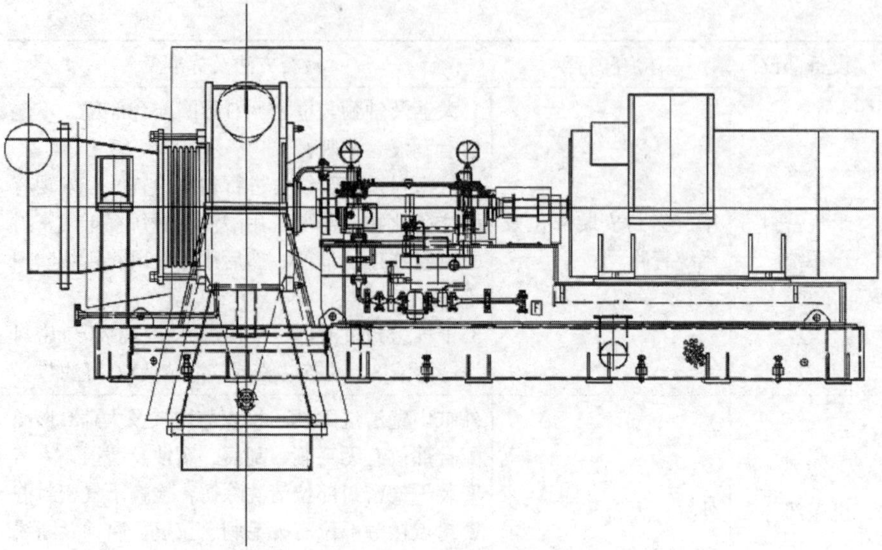

图 2-22　再生风机结构简图

2.8.2　结构特点及失效机理

再生风机用于再生器的热循环，出入口差压不大，操作温度高，因此主轴、叶轮及其紧固件皆采用耐高温的INCONEL 600合金，机壳和机盖采用美国钢铁协会316奥氏体不锈钢制作，为防止高温介质从轴封处泄漏，轴封采用碳环密封，中间通入氮气，轴承采用滚珠轴承，用风扇冷却，整个机体用隔热材料覆盖，入口接管设有膨胀节，能有效地吸收管线位移，防止机壳变形。此外，再生部分风机还包括：提升风机、除尘风机和再生空冷器风机。

失效机理：烧焦气量氯离子含量≥1000×10^{-6}，容易在局部低温部位产生氯离子腐蚀，要做好设备外保温防护。奥氏体不锈钢在500~800℃长时间高温情况下容易造成Cr的碳化物析出，导致晶粒边界附近贫Cr，容易造成高温氯晶间腐蚀。烧焦气温度490℃，碳环密封容易产生高温失效。

2.8.3 隐蔽项目检查方法

再生风机隐蔽项目检查方法见表2-18。

表2-18 再生风机隐蔽项目检查方法

设备部位	检查内容	检查方法及标准
再生风机	更换轴承、周跳动检查、叶轮检查、更换密封环及轴套	设备为单台连续运行，检修需更换轴承，检查转子各部跳动，检查叶轮焊缝有无开裂、叶轮表面有无严重变形及裂纹；检查密封轴套表面有无磨痕，检查密封函中分面平面度，测量密封环与环槽轴向配合间隙，涉及间隙测量值以厂家要求数值为标准。 检查机壳焊缝有无开裂、检查入口膨胀节有无裂纹、更换大盖密封垫

2.8.4 处理措施及更换周期

（1）再生风机轴套及密封环应在大检修期间进行检查更换。

（2）再生风机入口膨胀节发现有缺陷需及时进行修理或更换。

2.9 往复机

2.9.1 往复机结构简图

往复机结构简图见图2-23。

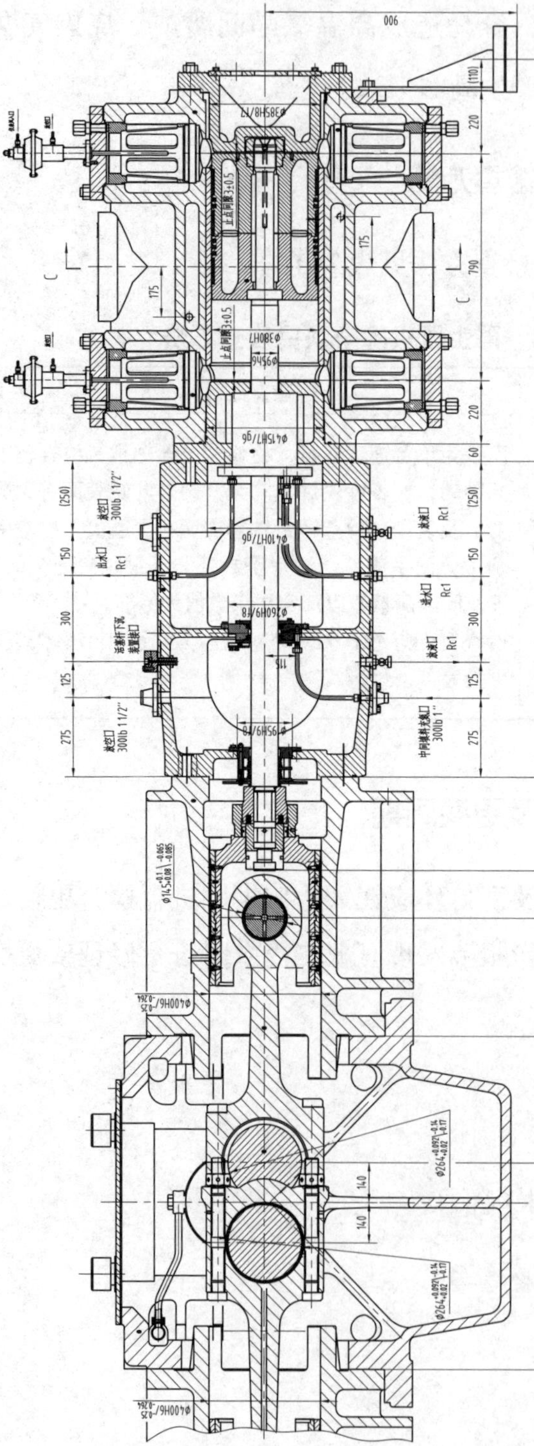

图 2-23 往复机结构简图

2.9.2 结构特点及失效机理

往复式压缩机由机身、曲轴、连杆、十字头、中间连接体、气缸、活塞、活塞杆、压力填料、气阀及卸荷器等部件组成。系统中还包括每级气缸进出口缓冲罐、级间冷却器和分液罐以及机身润滑油站、气缸和填料的注油器和软化水站等。

曲轴经热处理消除应力，轴颈和曲拐部分经过精密磨削与抛光，某些压缩机的曲轴上加配重可以减少活塞作用在曲轴上的不平衡力。连杆断面呈工字形，材质与曲轴大体相似。十字头滑动部分是可更换的铸铁滑履，其上覆盖了一层耐磨的巴氏合金，主轴承、连杆和十字头上有油孔相通，依靠机身润滑系统提供压力润滑。活塞采用球墨铸铁或铝合金，活塞环和支撑环均采用填充石墨的聚四氟乙烯塑料制成。气阀一般有环状阀、网状阀和菌状阀之分。调节流量的卸荷器是由电磁阀控制压缩风来控制的，分为塞式和指式。压力填料可防止工艺气从活塞杆处泄漏，一般由填充石墨的塑料制作。中间连接体作为气缸与机身之间的双室结构，防止工艺气由填料进入机身，在连接体的两个腔室中引入氮气防空和排凝。

失效机理：该往复机组密封填料、活塞环、支撑环、气阀等均为易损件，随着设备运行时间的增多，会导致易损件损坏，如果损坏会导致压缩机出现气阀超温、往复机排气量不足现象。

2.9.3 隐蔽项目检查方法

往复机隐蔽项目检查方法见表2-19。

表 2-19　往复机隐蔽项目检查方法

设备部位	检查内容	检查方法及标准
气缸部分	气阀	1.阀片，弹簧不得有变形、裂纹、划痕等缺陷，试水无泄漏； 2.气阀及气阀压盖垫片及密封面应无缺陷
	缸套	1.气缸内表面应光洁，无裂纹、气孔、拉伤痕迹等； 2.气缸内径圆柱度公差应符合要求
气缸部分	填料	1.填料函中心线与活塞杆中心线保持一致； 2.填料环内圆面和两端面应光洁无划痕、磨伤、麻点等缺陷； 3.减压环、主密封环、氮封环安装数据间隙满足厂家要求
	水夹套	打开两侧水套盖板，使用高压水清理干净，满足冷却要求，更换盖板垫片
十字头及活塞杆部分	十字头	1.十字头、十字头销、滑板及导轨应无裂纹、划痕等缺陷； 2.十字头销与连杆小头瓦衬套之间的间隙数据应符合标准； 3.十字头销与活塞杆垂直度要符合要求； 4.确认供油油路畅通，十字头销卡板无松动
	活塞杆连接部分	连接各部件要确保无缺陷，无问题，按照厂家指导压力对压力体进行打压，确认伸长量
十字头及活塞杆部分	活塞杆	1.活塞杆直线度公差值为0.06mm/m，最大不得超过0.1mm/m； 2.活塞杆安装完成后冷态跳动值应满足要求； 3.活塞环、支撑环间隙、活塞头紧固力矩应满足要求； 4.承压部位需做着色探伤
机体部分	轴瓦	1.主轴瓦轴颈与轴承应接触均匀，接触角为60°~90°，接触点不少于2~3点/cm^2，轴承衬套应与轴承座、连杆瓦窝均匀贴合，接触面积应大于70%，瓦隙及瓦背紧力要符合要求； 2.大头瓦应测量余面高度，瓦系要符合要求； 3.轴瓦及连杆螺栓安装前应进行着色探伤，确认无裂纹、划痕等缺陷，打压安装时要确认伸长量

3 手册引用文件

1. SHS 01006 管式加热炉维护检修规程
2. 石油化工厂设备检修手册 第七分册 加热炉
3. SHS 01009 管壳式换热器维护检修规程
4. 石油化工厂设备检修手册 第八分册 换热器
5. SHS 01007 塔类设备维护检修规程
6. SH/T 3502 石油化工换热设备施工及验收规范
7. 石油化工厂设备检修手册 第五分册 泵
8. SH/T 3526 石油化工异种钢焊接规程
9. SH/T 3096 高硫原油加工装置设备和管道设计选材导则
10. SH/T 3129 高酸原油加工装置设备和管道设计选材导则
11. TSG D0001 压力管道安全技术监察规程-工业管道
12. TSG 21 固定式压力容器安全技术监察规程
13. GB/T 150 压力容器
14. GB 50236 现场设备、工业管道焊接工程施工及验收规范
15. GB 50484 石油化工建设工程施工安全技术规范